51 विज्ञान मॉडल

51 विज्ञान मॉडल

श्यामसुंदर शर्मा

विद्या विहार, नई दिल्ली

प्रकाशक : **विद्या विहार**
19, संत विहार (पहली मंजिल) गली नं. 2, अंसारी रोड, नई दिल्ली–110002
 / संस्करण : 2025 / मूल्य : चार सौ रुपए
मुद्रक : नरुला प्रिंटर्स, दिल्ली ISBN 978-93-82898-87-0

51 VIGYAN MODEL
by Shri Shyam Sundar Sharma ₹ 400.00
Published by **VIDYA VIHAR**
19, Sant Vihar (First Floor), Street No.2, Ansari Road, New Delhi-2

विषय-सूची

51
विज्ञान मॉडल

नाचती हुई तितलियाँ

तुम्हें तितलियाँ—रंग-बिरंगी तितलियाँ—अच्छी लगती हैं और यदि वे नाचती हों तब तो बहुत ही अच्छी लगती हैं। तुम उन्हें बहुत देर तक देखना चाहते हो, परंतु वे जल्दी ही इधर-उधर उड़ जाती हैं। वे तुम्हारी इच्छानुसार देर तक नहीं नाचतीं। वैसे भी तितलियों का नाच देखने के लिए तुम्हें घर से बाहर बगीचे में जाना पड़ता है।

एक तरकीब ऐसी है जिससे तुम घर के अंदर ही तितलियों को नाचते हुए देख सकते हो; परंतु ये तितलियाँ कागज की होंगी, सचमुच की नहीं। ऐसा करने के लिए तुम्हें चाहिए काँच की एक बोतल, एक चाड़ी (फनल), रबर का एक कॉर्क, जो बोतल के मुँह पर एकदम फिट हो सके, थोड़ा सा सिरका, थोड़ा सा खाने का सोडा और टिश्यू पेपर की बनी रंग-बिरंगी तितलियाँ।

पहले कॉर्क में इतना बड़ा छेद कर लो कि एक चाड़ी की नली एकदम सटकर उसमें से निकल सके। अब कॉर्क में से चाड़ी की नली निकालकर कॉर्क को बोतल के मुँह पर लगा दो। फिर चाड़ी में से बोतल में इतना सिरका डाल दो जिससे चाड़ी की नली का सिरा सिरके की सतह से लगभग आधा इंच ऊपर रहे।

रंगीन टिश्यू पेपर के टुकड़े काटकर उन्हें तितलियों का आकार दे दो। ऐसी कई तितलियाँ बना लो। इसके बाद चाड़ी में से खाने का सोड़ा सिरके में डाल दो और चाड़ी के ऊपर कुछ तितलियाँ छोड़ दो। कुछ क्षणों बाद ये तितलियाँ ऊपर उड़ती नजर आएँगी।

सिरके के साथ खाने के सोडे की क्रिया होने से कार्बन डाइऑक्साइड गैस बनती है। वह चाड़ी में से ही बाहर निकलती है। इसलिए चाड़ी पर रखी तितलियाँ उसके प्रवाह में उड़ने लगती हैं।

□

2

छोटा अंडा बड़ा बन जाए

सभी बच्चों को कहानी सुनने का बहुत शौक होता है। अगर कहानियाँ उनकी मनपसंद हों तब वे रात भर भी उन्हें सुन सकते हैं। उस समय न तो उन्हें नींद आती है और न ही भूख-प्यास लगती है। कहानियों में उस चतुर राजकुमार की कहानी भी अकसर शामिल होती है जिसने राजकुमारी का हाथ जीतने के लिए एक अनोखी शर्त मान ली थी। शर्त यह थी कि किसी रेखा को बिना छेड़े उसे छोटी कर देना। राजकुमार से पहले अनेक लोग इस शर्त को पूरी न कर पाने के कारण हार मान चुके थे; पर राजकुमार ने कुछ देर सोचा और दी गई रेखा के पास एक बड़ी रेखा खींच दी। उस बड़ी रेखा के सामने पहली रेखा छोटी दिखने लगी और सब लोग कह उठे, 'लो, रेखा बिना छेड़े ही छोटी हो गई।'

हम तुम्हें रेखा छोटी या बड़ी करने की तरकीब नहीं बता रहे, छोटे अंडे को बड़ा बनाने की विधि बता रहे हैं। इसके लिए तुम्हें किसी दूसरे अंडे की जरूरत नहीं होगी। तुम उसी अंडे को बड़ा कर सकते हो।

इसके लिए एक अंडे के अलावा तुम्हें चाहिए—काँच का एक कटोरा, थोड़ा सा तनु (डायलूट) नमक का तेजाब और पानी। तेजाब को तनु करते समय, उसमें पानी मिलाते समय, हमेशा पानी में तेजाब को बूँद-बूँद करके मिलाओ और पानी को काँच के दंड से बराबर हिलाते रहो। कभी भी तेजाब में पानी नहीं मिलाओ।

वैसे बाजार में तनु नमक का तेजाब भी मिलता है।

तेजाब से काम करते समय यह ध्यान रखो कि वह तुम्हारे किसी भी अंग अथवा वस्त्र पर न गिरे। यदि किसी कारणवश ऐसा हो जाता है तब फौरन ही उस अंग को पानी से धो डालो और काफी देर तक उस अंग या वस्त्र पर पानी गिराते रहो। बाद में उस अंग को बहुत हलके से पोंछकर कोई क्रीम आदि लगा लो।

पहले काँच के कटोरे को तनु तेजाब से आधा भरकर उसमें धीरे से अंडे को छोड़ दो। अंडे को कटोरे में कई मिनट तक पड़ा रहने दो। इससे अंडे का बाहरी खोल गलने लगेगा। फिर कटोरे को टेढ़ा करके तेजाब को सिंक में बहा दो। पर साथ ही सिंक में पानी भी खोल दो, जिससे तेजाब बहुत हलका हो जाए और वह सिंक तथा उसके पाइप आदि को हानि न पहुँचाए।

अब कटोरे में धीरे-धीरे सावधानी से पानी भर दो। इस बारे में तुम्हें सावधानी बरतनी होगी कि अंडे को बहुत धीरे से उठाओ, क्योंकि अंडा तेजाब की क्रिया के कारण बहुत मुलायम हो जाता है। उसे इस प्रकार उठाना चाहिए कि वह टूटे नहीं।

कटोरे को किसी सुरक्षित स्थान पर रख दो, जहाँ उसे कोई छेड़े नहीं। उसे लगभग चौबीस घंटे तक वहीं रखा रहने दो। उसके बाद अंडे को देखो। वह फूलकर पहले की तुलना में डेढ़ गुना हो गया है।

□

3

तीन रंगों का फव्वारा

तीन रंगों का फव्वारा—जो पहले लाल रंग का होता है, फिर सफेद रंग का हो जाता है और अंत में उसका रंग बदलकर नीला हो जाता है—बनाने के लिए तुम्हें निम्न वस्तुएँ चाहिए—

चौड़े मुँह की रंगहीन काँच की एक साफ बोतल, रबर का एक ऐसा स्टॉपर जो बोतल के मुँह पर टाइट फिट हो सके, लगभग आधा मीटर लंबी रबर की नली, लगभग आधा मीटर लंबी 0.5 से.मी. व्यास की काँच की नली, एक मेडीसन ड्रॉपर (लगभग 15 से.मी. लंबा), चार गिलास तथा दो-दो ग्राम बेरियम क्लोराइड, सोडियम सायलीसिलेट, सोडियम फैरोसायनाइड और फैरिक अमोनियम सल्फेट। यह सब सामग्री एवं रसायन तुम्हें कैमिस्ट की दुकान, जो तुम्हारे स्कूल की प्रयोगशाला को सामान सप्लाई करती है, से मिल जाएँगे।

पहले रबर के स्टॉपर में दो छेद कर लो। एक छेद में ड्रॉपर फँसा दो और दूसरे में काँच की नली (चित्र-1 देखो)।

अब एक गिलास में पानी भरकर उसमें फैरिक अमोनियम सल्फेट की थोड़ी सी मात्रा घोल लो। गिलास पर 1 अंक लगाकर अलग रख दो। दूसरे गिलास पर अंक 2 डालकर उसमें बीस बूँद पानी लेकर थोड़ा सोडियम सायलीसिलेट घोल लो। 3 नंबर के गिलास में बीस बूँद पानी में बेरियम क्लोराइड और गिलास नंबर 4 में बीस बूँद पानी में थोड़ा सा सोडियम फैरोसायनाइड घोल लो।

काँच की बोतल को पानी से आधा भरकर उसमें थोड़ा सा फैरिक अमोनियम सल्फेट घोल लो।

इसके बाद बोतल के मुँह पर स्टॉपर लगाकर उसे चित्र-2 में दिखाई गई स्थिति में उलटी लटका दो। जैसाकि तुम चित्र में देख रहे हो, रबर की नली का एक सिरा ड्रॉपर के निचले भाग से जुड़ा हुआ है, जबकि दूसरा सिरा गिलास नंबर 1 के घोल—फैरिक अमोनियम सल्फेट के

घोल—में डूबा हुआ है।

काँच की नली के दूसरे सिरे के नीचे एक गिलास रख दो। तुम देखोगे कि बोतल को उलटी लटकाने के कुछ समय बाद बोतल में भरा घोल काँच की नली में से बूँद-बूँद करके गिरने लगता है। साथ ही बोतल में घुसे ड्रॉपर में से फव्वारा छूटने लगता है।

काँच की नली के निचले सिरे के नीचे क्रमशः गिलास नंबर 2, 3 और 4 रखने पर पहले लाल रंग आता है, फिर सफेद और उसके बाद नीला।

तुम जानते हो कि बोतल में से पानी गिरने से उसके अंदर आंशिक निर्वात बन जाता है। इस निर्वात में वायु के कारण ही गिलास नंबर 1 से पानी बोतल में जाने लगता है और ड्रॉपर के छोटे मुँह में से तेजी से बाहर निकलने के प्रयत्न में फव्वारा बन जाता है।

बोतल से घोल के गिलास नंबर 2, 3 और 4 में गिरने से उत्पन्न रंग विभिन्न पदार्थों के बीच होनेवाली रासायनिक क्रियाओं के कारण बनते हैं।

□

कार्बन डाइऑक्साइड से अग्निशामक यंत्र

तुम जानते हो कि कार्बन डाइऑक्साइड गैस न तो जीवों को जीवित रहने में मदद देती है और न ही आग को जलने में। इसका अर्थ यह हुआ कि यदि किसी जीव को कार्बन डाइऑक्साइड गैस से भरे पात्र में डाल दिया जाय तो वह मर जाएगा। साथ ही जलती हुई ज्वाला पर कार्बन डाइऑक्साइड प्रवाहित करने पर वह बुझ जाएगी। इसीलिए घरों, कारखानों आदि में एकाएक लग जानेवाली आग को बुझाने के लिए जो यंत्र (अग्निशामक यंत्र) रखे जाते हैं, उनमें ऐसे रसायन भरे होते हैं जिनके आपस में मिलने से कार्बन डाइऑक्साइड बनने लगती है। यह कार्बन डाइऑक्साइड तेजी से अग्निशामक यंत्र से बाहर निकलती है। इस प्रवाह को जलती हुई वस्तु की ओर कर देने से आग बुझ जाती है।

हम तुम्हें इसी सिद्धांत पर आधारित छोटा सा अग्निशामक यंत्र बनाने का तरीका बताएँगे। इसके लिए तुम्हें चाहिए—काँच का एक गिलास, थोड़ा सा बेकिंग पाउडर, सिरका, कड़ा कागज और एक मोमबत्ती।

पहले कागज की नली बना लो और मोमबत्ती जला लो। गिलास में सिरका डालकर फिर उसमें बेकिंग पाउडर भी डाल दो। ऐसा करते ही गिलास में कार्बन डाइऑक्साइड गैस बनने लगेगी।

अब गिलास के एक किनारे पर कागज की नली का एक सिरा टिका दो और दूसरे सिरे को जलती हुई मोमबत्ती की लौ के निकट ले जाओ। हवा से भारी होने के कारण कार्बन डाइऑक्साइड ऊपर नहीं उठेगी और नली में से बहकर जलती लौ पर पहुँच जाएगी। इससे जलती हुई मोमबत्ती की लौ बुझ जाएगी।

□

झाग बनाओ : आग बुझाओ

कहा जाता है कि 'आग जितनी बढ़िया सेवक है उतनी ही खतरनाक स्वामी भी'। आग हमारे लिए अत्यंत उपयोगी है। उसके बिना हम जीवन की कल्पना भी नहीं कर सकते। मनुष्य को 'जंगल के एक जानवर' से सभ्य सामाजिक प्राणी बनाने में आग का बहुत योगदान रहा है। इसीलिए इच्छानुसार आग जलाने की विधि के आविष्कार को एक महान् आविष्कार माना जाता है।

पर यही आग जब बेकाबू हो जाती है तब अत्यंत विनाशकारी हो जाती है। वह धन और जन के भयंकर विनाश का कारण बन सकती है। इसलिए जिस प्रकार हमारे लिए आग जलाने की विधियों की जानकारी जरूरी है उसी प्रकार आग बुझाने की विधियों का ज्ञान भी आवश्यक है।

आमतौर पर आग बुझाने का सबसे अच्छा, सस्ता और कारगर तरीका है उसपर पानी डाल देना। पानी आसानी से उपलब्ध हो जाता है। साथ ही पानी का एक भौतिक गुण आग बुझाने में बहुत सहायक होता है। वह गुण है उसकी अत्यंत विशाल ऊष्मा धारिता (दैनिक जीवन में इस्तेमाल किए जानेवाले पदार्थों में सबसे अधिक)। दूसरे शब्दों में, पानी गरम होते समय जितनी अधिक ऊष्मा ग्रहण कर लेता है उतनी ऊष्मा अन्य पदार्थ ग्रहण नहीं करते।

पर हर प्रकार की आग, जैसे पानी पर तैरते हुए तेल में लगी आग या बिजली के शॉर्ट सर्किट से लगी आग अथवा कुछ रसायनों के भंडार में लगी आग, आदि को बुझाने के लिए पानी का इस्तेमाल नहीं किया जा सकता। ऐसे अवसरों पर या तो पानी आग तक पहुँच नहीं पाता अथवा वह स्वयं रासायनिक रूप से विघटित होकर हाइड्रोजन (जो स्वयं ज्वलनशील गैस है) और ऑक्सीजन (जो आग को जलने में सहायता देती है) में परिवर्तित हो जाता है।

ऐसे अवसरों पर आग को बुझाने के लिए एक अन्य उपाय किया जाता है। वह है ऑक्सीजन की सप्लाई को काट देना—ऑक्सीजन को जलती हुई वस्तु तक पहुँचने ही नहीं देना।

जलती हुई वस्तु पर रेत या मिट्टी डालना या कार्बन डाइऑक्साइड का छिड़काव कर देना—इसी प्रकार के उपाय हैं।

दफ्तरों, कारखानों आदि में लगे अग्निशामक यंत्रों में आमतौर पर सोडा और तेजाब का उपयोग किया जाता है। झाग (फोम) उत्पन्न करनेवाले यंत्रों में सोडा और तेजाब के अतिरिक्त फिटकरी के जलीय घोल से भरी एक नली भी रख दी जाती है। यंत्र को इस्तेमाल करते समय यह नली भी टूट जाती है और जलती हुई वस्तु पर पानी तथा कार्बन डाइऑक्साइड के साथ क्रीमी झाग फेंकती है। झाग के बुलबुलों में फिटकरी के सूक्ष्म कणों के साथ कार्बन डाइऑक्साइड भी भरी रहती है। ये बुलबुले गरम होकर जल्दी न फूटें, इसलिए बाजार में उपलब्ध अग्निशामक यंत्रों में लाइकोरिस पाउडर भी इस्तेमाल किया जाता है। ये यंत्र बिजली के सर्किट में लगी आग को बुझाने के लिए बहुत उपयोगी होते हैं।

झाग अग्निशामक यंत्र किस प्रकार कार्य करते हैं, यह जानने के लिए एक प्रयोग किया जा सकता है।

इस प्रयोग के लिए तुम्हें चाहिए—चार गिलास, एक प्लेट, तीन चम्मच खाने का सोडा (सोडियम बाइकार्बोनेट) तथा तीन चम्मच फिटकरी और गैर-मीठी जिलेटिन। जिलेटिन लाइकोरिस पाउडर का काम करती है।

पहले एक गिलास में सोडा ले लो और दूसरे में फिटकरी। उन्हें पानी से आधा-आधा भर लो। उस पानी में जितना हो सके उन्हें उतना घोल लो। तीसरे गिलास में थोड़ी सी जिलेटिन लेकर उसे चौथाई गिलास गुनगुने पानी में अच्छी तरह मिला लो। सोडा के घोल में दो चम्मच जिलेटिन डालकर उसे भलीभाँति मिला दो।

अब चौथे गिलास को प्लेट में रखकर उसमें एक साथ जल्दी से एक हाथ से सोडा और जिलेटिन का मिश्रण डालो और दूसरे हाथ से फिटकरी का घोल डालो। तुम देखते हो कि चौथे गिलास में कितनी तेजी से झाग बनते हैं और छूने पर उसके बुलबुले क्रीम समान प्रतीत होते हैं। □

6

ऊर्जा कैसे रूप बदलती है?

ऊर्जा की परिभाषा 'कार्य करने की क्षमता' के रूप में दी जाती है। वह किसी जड़ या चेतन वस्तु में उसकी स्थिति के फलस्वरूप मौजूद हो सकती है (स्थितिज ऊर्जा) अथवा उसकी गति के कारण (गतिज ऊर्जा)।

ऊर्जा के बिना हम जीवित नहीं रह सकते। वैसे जीवित रहने के लिए भी (आम बोलचाल की भाषा में जब कोई काम नहीं कर रहे होते तब भी) हमें ऊर्जा की आवश्यकता होती है।

भौतिकशास्त्र का एक प्रसिद्ध नियम है 'ऊर्जा न तो पैदा होती है और न नष्ट होती है, केवल अपना रूप बदलती है।' जब यह रूप परिवर्तन हमारे लिए उपयोगी होता है तब हम कहते हैं कि 'हमने ऊर्जा पैदा कर ली'। जब हम भोजन करते हैं तब उसके विभिन्न घटकों जैसे—कार्बोहाइड्रेट, प्रोटीन, वसा आदि की रासायनिक ऊर्जा हमारी शारीरिक ऊर्जा में बदल जाती है। डायनुमो में चुंबकत्व (चुंबकीय ऊर्जा) विद्युत् ऊर्जा में बदल जाता है और टॉर्च के सेल में निहित रासायनिक ऊर्जा पहले विद्युत् ऊर्जा में और अंततः प्रकाश ऊर्जा में बदल जाती है।

ऊर्जा के रूप परिवर्तन को एक मॉडल द्वारा दर्शाया जा सकता है—

इस मॉडल को बनाने के लिए चाहिए—सपाट तलीवाली काँच की एक फ्लास्क, फ्लास्क के मुँह पर भली प्रकार फिट हो सकनेवाला रबर का एक स्टॉपर, समकोण पर मुड़ी काँच की एक नली, बिजली की एक हॉट प्लेट और कागज की एक घिरनी (जैसी चित्र में दिखाई गई है)। ऐसी घिरनी बाजार में बच्चों के खिलौने के रूप में मिलती है।

पहले रबर के स्टॉपर में इतना बड़ा छेद कर लो जिसमें काँच की नली एकदम फिट हो सके। उस छेद में से नली की एक भुजा निकाल लो। फिर फ्लास्क को पानी से तीन-चौथाई भरकर उसके मुँह पर स्टॉपर लगा दो। अब फ्लास्क को हॉट प्लेट पर रखकर प्लेट को बिजली

के प्वाइंट से जोड़ दो। हॉट प्लेट के गरम होने से फ्लास्क में भरा पानी गरम होगा। धीरे-धीरे वह उबलने लगेगा और नली में से भाप बाहर निकलने लगेगी। उस भाप के सामने कागज की घिरनी पकड़ लो। भाप से घिरनी घूमने लगेगी।

हॉट प्लेट में विद्युत् ऊर्जा ऊष्मा में बदलती है। यह ऊष्मा पानी को गरम करती है और उसे भाप में बदलती है। वह भाप घिरनी को घुमाकर ऊष्मा को यांत्रिक ऊर्जा में परिवर्तित कर देती है।

□

चीनी से साँप निकले

दीवाली के अवसर पर तुम्हें पटाखे चलाना बहुत अच्छा लगता है। उस समय तुम्हारा मन करता है कि तुम तरह-तरह के पटाखे चलाते ही रहो। वैसे तुम्हारे पटाखों में कुछ बहुत तेज आवाज करते हैं, कुछ में से रंग-बिरंगी चिनगारियाँ निकलती हैं, कुछ जलाने पर 'सर्र' की आवाज करते हुए ऊपर उड़ जाते हैं। इनमें 'साँप' भी होता है। यह छोटी सी टिकिया होती है, जो जलाने पर बढ़कर बहुत लंबी हो जाती है। वह एक बार में नहीं वरन् धीरे-धीरे बल खाती हुई फैलती है। इससे ऐसा लगता है मानो कोई साँप धीरे-धीरे अपने बिल से बाहर निकल रहा हो। 'साँप का इस तरह निकलना'—टिकिया का बढ़ना—तुम्हें बहुत अच्छा लगता है।

चाहो तो तुम भी ऐसा साँप बना सकते हो।

इसके लिए तुम्हें चाहिए—दो चम्मच चीनी, एक चम्मच पोटैशियम नाइट्रेट और दो चम्मच पोटैशियम डायक्रोमेट। इन तीनों को अलग-अलग बारीक पीसकर आपस में भली प्रकार मिला लो। बाद में उसे एक सिल्वर पेपर (चिकने कागज) में लपेटकर उसकी बत्ती बना लो और गत्ते की एक छोटी नली में रख दो। बत्ती के एक सिरे को जलाने से धुएँ के साथ-साथ नली में से साँप जैसी आकृति की वस्तु निकलने लगती है।

□

8

एक कुंडली में चुंबक घुसे, दूसरी में बिजली पैदा हो जाए

चुंबक का एक बहुत उपयोगी गुण है। उसके इर्दगिर्द (उसकी बल रेखाओं के क्षेत्र में) घूमती हुई तार की कुंडली में बिजली की धारा प्रवाहित होने लगती है। आजकल बड़े-बड़े बिजलीघरों में इसी प्रकार बिजली बनाई जाती है। वहाँ बहुत शक्तिशाली चुंबक के क्षेत्र में तार की बहुत बड़ी कुंडली घुमाई जाती है। उसके घूमने से चुंबकीय बल रेखाएँ कटती हैं और अंतत: चुंबकत्व विद्युत् में परिवर्तित हो जाता है।

इसी सिद्धांत पर आधारित एक सरल एवं मनोरंजक मॉडल तुम भी बना सकते हो। इसके लिए चाहिए—लगभग पाँच मीटर पतला तार (24 गेज का ताँबे का तार उपयुक्त होता है), घोड़े की नाल की आकृति की एक चुंबक, एक छोटी चुंबक-सुई और दो मोटी पुस्तकें।

पहले तार के लगभग दो-दो मीटर के दो टुकड़े काट लो। उन्हें किसी गोल चीज पर लपेटकर उनकी कुंडलियाँ बना लो। एक कुंडली को पुस्तकों के बीच में खड़ी कर लो और उसके बीच में उसी तल पर सुई रख दो।

फिर दूसरी कुंडली को घोड़े की नाल जैसी आकृति की चुंबक के एक सिरे पर, बिना उसे छुए घुमाओ। तुम देखते हो कि पहली कुंडली के अंदर रखी हुई सुई हिलने लगती है। इससे यह सिद्ध होता है कि दूसरी कुंडली को चुंबकीय क्षेत्र में घुमाने से उसमें विद्युत् धारा उत्पन्न हो गई। पहली कुंडली के उससे जुड़े होने पर वह उसमें भी आ गई और उस धारा के प्रभावस्वरूप ही चुंबकीय सुई गति करने लगी।

□

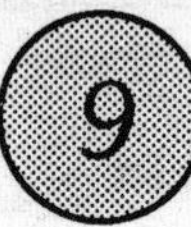

एक को हिलाओ, दूसरी भी हिले

तुमने पढ़ा कि एक कुंडली में चुंबक घुसाने से दूसरी कुंडली में भी बिजली की धारा प्रवाहित होने लगती है। इसी सिलसिले में तुम्हें एक और मॉडल बनाना बता रहे हैं। इसमें एक कुंडली में बिजली की धारा उत्पन्न होने पर वह दूसरी में भी पैदा तो हो ही जाती है, साथ ही एक कुंडली को हिलाने पर दूसरी स्वयं हिलने लगती है।

इसको बनाने के लिए तुम्हें चाहिए—तार की दो कुंडलियाँ, घोड़े की नाल की आकृति के दो चुंबक, लगभग दो मीटर कपड़ा चढ़ा तार और चार डंडियाँ।

पहले चित्र में दर्शाए गए तरीके के अनुसार डंडियों का एक फ्रेम बना लो, फिर उन डंडियों के सिरों पर कुंडलियाँ लटका दो। इस बारे में यह महत्त्वपूर्ण है कि दोनों कुंडलियों की धरती से ऊँचाई एक बराबर हो। ऐसा न होने पर वे पेंडुलम की भाँति दोलन तो अवश्य करेंगी, परंतु उनकी अवधि (एक दोलन अवधि—एक बिंदु से दूसरे बिंदु तक जाने और वापस मूल बिंदु पर आने में लगनेवाली समयावधि) बराबर नहीं होगी।

इन कुंडलियों के अंदर चुंबकों के एक-एक सिरे घुसा दो। इससे उन दोनों में बिजली की धारा पैदा हो जाएगी। साथ ही एक कुंडली को हिलाने पर दूसरी स्वयं, उसी अवधि से जिससे पहली कुंडली दोलन कर रही है, हिलने (दोलन करने) लगेगी।

□

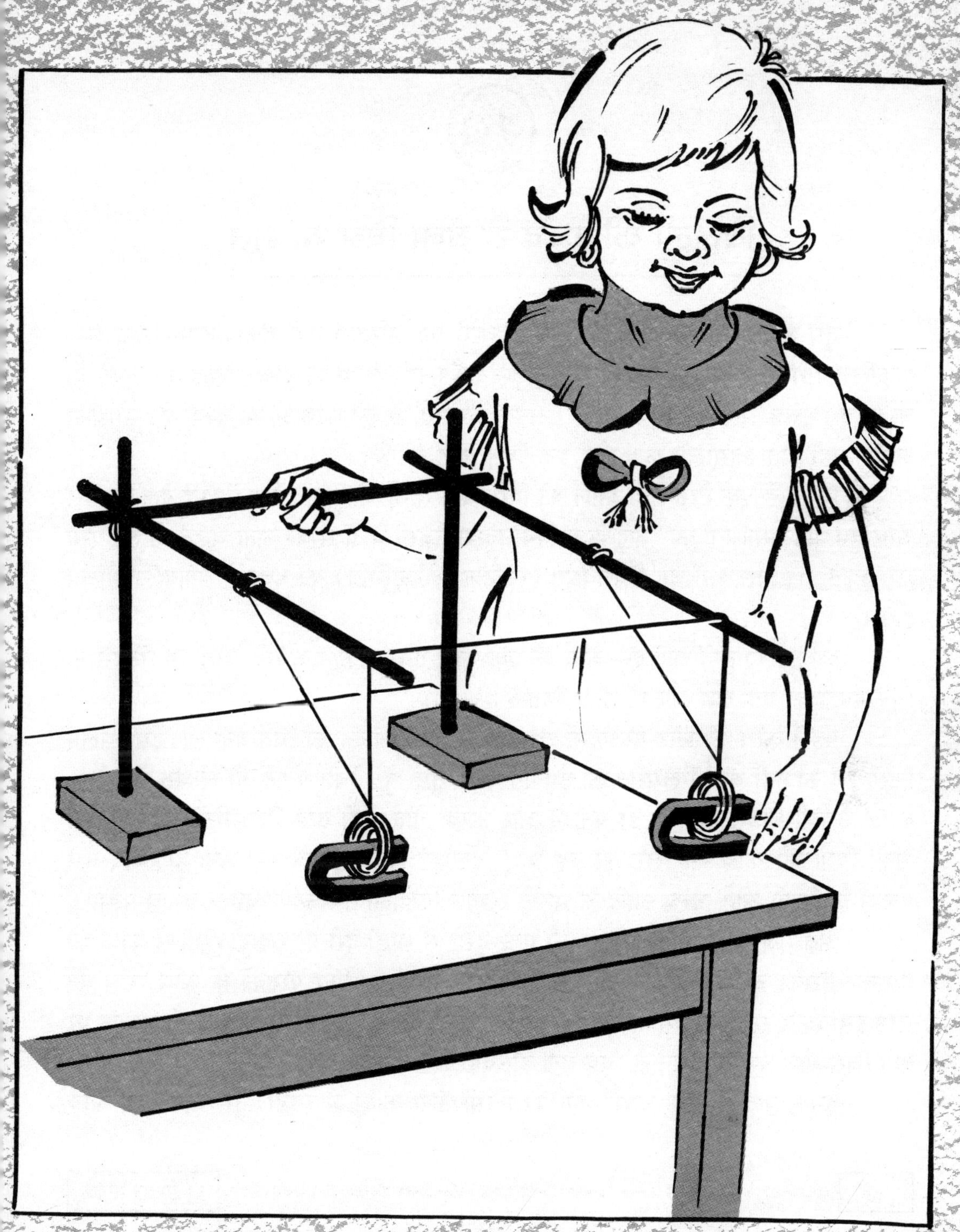

बिजली की मदद से बना चित्र या भूत

तुम जानते हो कि 'भूत' जैसी किसी वस्तु का अस्तित्व नहीं होता। कभी-कभी कुछ प्राकृतिक अथवा मानवजन्य कारकों से ऐसी घटनाएँ घटती हैं अथवा दृश्य दिखाई देने लगते हैं, जो बहुत विचित्र और रहस्यमय होते हैं। अनेक अवसरों पर इन घटनाओं या दृश्यों को समझाना आसान नहीं होता। इसलिए कुछ लोग इन्हें 'भूत' कह देते हैं।

हम तुम्हें एक ऐसा चित्र बनाने की विधि बता रहे हैं जो 'भूत' जैसा दिखाई देता है। वैसे अगर तुम अपने साथियों क़ो 'जादू के करतब' दिखाने जैसी बातों से बहकाना चाहते हो तब ऐसा कर सकते हो। वास्तव में वह स्थिरविद्युत् (स्टेटिक इलेक्ट्रिसिटी) की मदद से बनाया गया चित्र होगा।

इसके लिए तुम्हें चाहिए—काँच की एक प्लेट, एक कॉर्क, एक रेती, थोड़ी सी ग्लिसरीन, चित्र बनाने का एक ब्रश और दो मोटी किताबें।

पहले काँच की प्लेट पर किसी राक्षस या डरावने व्यक्ति का चित्र बना लो। इसके लिए किसी रंग का नहीं वरन् ग्लिसरीन का उपयोग करो। तुम्हें पूरा चित्र बनाने की जरूरत नहीं है—केवल उसकी बाहरी रूपरेखा ही बनाओ और उसके भीतर पूरी तरह ग्लिसरीन लगा दो। अब अपने मित्रों को काँच की प्लेट की वह बाजू दिखाओ जिसपर चित्र नहीं बना हो। यदि उसे प्रकाश के किसी स्रोत, बल्ब आदि के सामने रखकर दिखाओ तब उनपर बेहतर प्रभाव पड़ेगा।

अब मेज पर दो मोटी पुस्तकों को एक-दूसरे से थोड़ी दूरी पर रख दो। रेती से कॉर्क को घिसकर उसका चूरा किताबों के बीच की जगह में फैला दो। फिर पुस्तकों के ऊपर काँच की प्लेट इस प्रकार रखो कि उसका एक सिरा एक पुस्तक पर हो और दूसरा सिरा दूसरी पुस्तक पर तथा जिस बाजू पर ग्लिसरीन से चित्र बना हो, वह नीचे की ओर हो।

इसके बाद प्लेट के ऊपरी भाग को किसी ऊनी कपड़े से रगड़ो। तुम जानते हो, काँच

को ऊनी कपड़े से रगड़ने पर उसमें स्थिरविद्युत् पैदा हो जाती है। वह आवेशित हो जाता है। यह आवेश काँच की दूसरी बाजू (निचली बाजू) पर भी आवेश पैदा कर देता है और उस आवेश के कारण कॉर्क के बारीक कण काँच की ओर आकर्षित हो जाते हैं। आकर्षित होकर ये कण चित्र में लगी ग्लिसरीन पर चिपक जाते हैं। अब प्लेट को उठा लेने पर भी चित्र पर लगे कण चिपके रहते हैं, परंतु काँच पर, अन्य स्थलों पर, चिपके कण गिर जाते हैं। यदि वे कण अपने आप नहीं गिरते तब फूँक मारकर उन्हें हटाया जा सकता है।

अब यह चित्र तुम अपने मित्रों को दिखा सकते हो।

□

11

बिजली का ट्रांसफार्मर

ट्रांसफार्मर का काम है बिजली की धारा की वोल्टता को बदलना। वह धारा की निम्न वोल्टता को उच्च वोल्टता में बदल सकता है और उच्च वोल्टता को निम्न वोल्टता में। हम तुम्हें एक ऐसे ट्रांसफार्मर का मॉडल बनाना बता रहे हैं जो धारा की उच्च वोल्टता को निम्न वोल्टता में बदल सकता है।

इसके लिए तुम्हें चाहिए—एक गोल बोतल, लगभग चार मीटर कपड़ा चढ़ा ताँबे का तार (लगभग दो मीटर 24 गेज का और दो मीटर 18 गेज का), दोहरी धारवाला एक रेजर ब्लेड (जिसे कुछ वर्ष पूर्व तक दाढ़ी बनाने हेतु इस्तेमाल किया जाता था), एक सूखा सेल, एक की, लकड़ी का एक ब्लाक, एक दंड चुंबक, एक बड़ी कील और टिन का एक टुकड़ा।

ट्रांसफार्मर की गतिविधियों को समझने के लिए (यह जानने के लिए कि वह कार्य भी कर रहा है या नहीं) एक गैल्वेनोमीटर की जरूरत होगी। इसलिए पहले गैल्वेनोमीटर बनाने की विधि बताना बेहतर होगा। इसके लिए 24 गेज के तार को, दोनों सिरों पर लगभग बीस-बीस से.मी. तार छोड़कर, बोतल पर लगभग पचास बार लपेट लो। इस प्रकार बनी तार की कुंडली को दो-तीन स्थानों पर तार से बाँध दो जिससे उसकी लपेटें खुलें नहीं और उसे लकड़ी के ब्लाक पर खड़ा कर लो। कुंडली सीधी खड़ी रहे, इसलिए उसके निचले सिरे पर टिन की एक पत्ती लगा दो।

फिर रेजर ब्लेड को चुंबकित कर लो। इसके लिए ब्लेड को मेज पर सपाट रखकर, उसके लगभग मध्य भाग पर दंड चुंबक का एक सिरा रखकर चुंबक को रगड़ते हुए ब्लेड की एक धार तक ले जाओ। फिर उसे उठाकर ब्लेड के मध्य भाग में ले जाओ और ब्लेड पर रगड़ते हुए उसी धार तक ले जाओ। ऐसा लगभग दस बार करो। इसके बाद दंड चुंबक का दूसरा सिरा ब्लेड के मध्य भाग पर रखकर ब्लेड पर रगड़ते हुए दूसरी धार तक ले जाओ। फिर

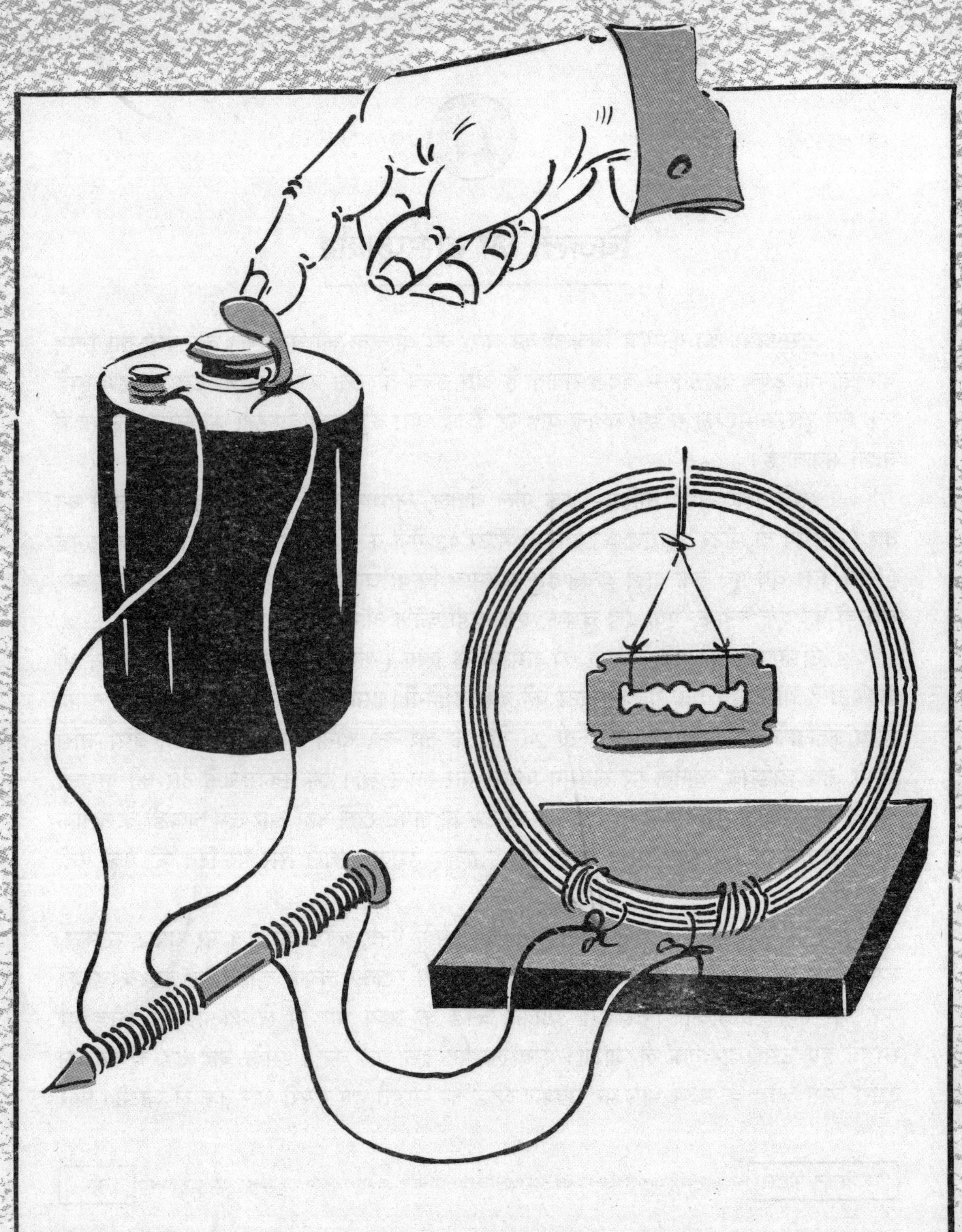

चुंबक के सिरे को उठाकर मध्य भाग पर ले आओ। उक्त क्रिया लगभग दस बार दोहराओ। इससे ब्लेड चुंबक बन जाएगा।

चुंबकित रेजर ब्लेड को धागे की मदद से कुंडली के बीच में लटका दो। लो, बन गया गैल्वेनोमीटर।

इसकी जाँच भी कर लें। गैल्वेनोमीटर का काम यह बताना है कि किसी परिपथ में से बिजली की धारा प्रवाहित हो रही है अथवा नहीं। इसके लिए कुंडली के सिरों पर छूटे तारों के सिरों को एक सूखे सेल के अलग-अलग टर्मिनलों से जोड़ दो। ऐसा करने पर यदि ब्लेड हिलने लगे तो समझ लो कि गैल्वेनोमीटर सही प्रकार से कार्य कर रहा है।

गैल्वेनोमीटर की जाँच कर लेने पर सूखे सेल को परिपथ से हटा दो। उसे ट्रांसफार्मर में इस्तेमाल किया जा सकता है।

अब स्वयं ट्रांसफार्मर बनाने के लिए बड़ी कील के एक सिरे पर 18 गेज के तार को लगभग बीस बार लपेट लो; परंतु ऐसा करते समय दोनों सिरों पर लगभग बीस-बीस से.मी. के टुकड़े अवश्य छोड़ दो। फिर 18 गेज के तार का एक और टुकड़ा लेकर उसे कील के दूसरे सिरे पर इसी प्रकार लपेट दो।

कील के एक सिरे पर लिपटे तार के सिरों को गैल्वेनोमीटर के अलग-अलग तारों से जोड़ दो। कील के दूसरे सिरे पर लिपटे तार के एक सिरे को सीधे ही सूखे सेल के एक टर्मिनल से जोड़ दो, जबकि दूसरे सिरे को एक की के माध्यम से दूसरे टर्मिनल से जोड़ो। बन गया ट्रांसफार्मर।

उसे परखने के लिए की को दबाओ। उससे परिपथ पूरा हो जाता है और गैल्वेनोमीटर का ब्लेड गति करने लगेगा। फिर की को छोड़ दो। उसे दबाने और छोड़ने से कील चुंबकित होती है और फिर विचुंबकित हो जाती है (चुंबकत्व त्याग देती है)। इससे कील के दूसरे सिरे पर लिपटे तारों में से विद्युत् धारा बहने लगती है।

☐

12

रहस्यमय चेहरा

तुम विद्युत् आवेश की मदद से चित्र बनाने की तरकीब पढ़ चुके हो। अब हम तुम्हें रहस्यमय चेहरे का चित्र बनाने की विधि बताएँगे।

इसके लिए तुम्हें चाहिए—तीन कार्ड बोर्ड, बिजली का पतला तार, एक सूखा सेल, थोड़ा सा टेप जिससे कागज चिपकाया जा सके और थोड़ा सा लोहे का बुरादा।

एक कार्ड बोर्ड पर किसी आदमी के चेहरे की तसवीर बना लो, जैसाकि चित्र में दिखाया गया है। तसवीर के चेहरे की रेखाओं पर से कार्ड बोर्ड काट लो। चेहरे की आँखें भी काट लो। अब इस तसवीर को एक अन्य बड़े कार्ड बोर्ड पर चिपका दो और चेहरे की रेखाओं पर सावधानीपूर्वक बिजली का पतला तार चिपका दो। तार चिपकाने के लिए टेप का इस्तेमाल किया जा सकता है। पर उसे चेहरे की बाहरी आकृति बनानेवाली लकीरों के ऊपर चिपकाना जरूरी है।

फिर इन दोनों कार्ड बोर्डों के ऊपर तीसरा कार्ड बोर्ड रख दो और उसके ऊपर लोहे का बुरादा छिड़क दो। साथ ही तार के दोनों सिरों को सूखे सेल के अलग-अलग इलेक्ट्रोडों से जोड़ दो। अब ऊपरी कार्ड बोर्ड को हलके से हिला देने पर लोहे के कण तार के आसपास चेहरे की रेखाओं पर जमा हो जाते हैं।

अगर तुम सूखे सेल और तार आदि को दर्शकों से छिपाकर रखो तो ये सब कार्य जादू जैसे प्रतीत होंगे।

तुम जानते ही हो कि तार में बिजली की धारा प्रवाहित होने से वह एक चुंबक की भाँति कार्य करने लगता है। इसीलिए तार के सिरों को सूखे सेल से जोड़ने पर लोहे के कण तार की ओर आकर्षित हो जाते हैं। उन्हें हिलाने की जरूरत उनके जड़त्व के कारण होती है। तार में बिजली की धारा प्रवाहित होने से उसमें क्षीण चुंबकत्व ही पैदा होता है। उसके स्थान पर बलशाली चुंबक का उपयोग करने पर लोहे के कणों के जड़त्व पर चुंबकत्व ही पार पा लेती है। तब ऊपरी कार्ड बोर्ड को हिलाने की जरूरत नहीं होगी। □

बिजली की घिरनी

बिजली की घिरनी बनाने के लिए तुम्हें न तो उस विद्युत् धारा की जरूरत होती है जिससे तुम्हारे घरों में बल्ब और पंखे आदि चलते हैं और न तार वगैरह की ही। यह घिरनी तो स्थिरविद्युत् से कार्य करती है। इसलिए इसमें झटका आदि लगने का भी कोई खतरा नहीं होता।

इस चकरी को बनाने के लिए तुम्हें चाहिए—काँच का एक गिलास, एक कॉर्क, एक ऊनी कपड़ा, बड़ा कागज और एक ऑलपिन। कैंची जैसी चीज तो हर घर में रहती ही है।

पहले कागज का एक क्रॉस काट लो। साथ ही काँच के गिलास को बहुत अच्छी तरह सुखा लो। ऐसा करना बहुत जरूरी है, अन्यथा घिरनी घूमेगी ही नहीं। बेहतर होगा कि गिलास को सुखाने के लिए उसे सूखे कपड़े से भलीभाँति पोंछकर कुछ देर के लिए ओवन में रख दो।

अब कागज के क्रॉस के बीच पिन लगाकर उसे कॉर्क में लगा दो और कॉर्क पर गिलास को उलटा करके इस प्रकार रख दो कि गिलास से कॉर्क और क्रॉस पूरी तरह ढक जाए, पर क्रॉस बिना किसी रुकावट से घूम सके।

फिर सूखे ऊनी कपड़े से गिलास की दीवार को धीरे से रगड़ो। तुम देखते हो कि क्रॉस भी घूमकर उस स्थल के पास रुक जाता है जहाँ तुमने गिलास को रगड़ा था।

यदि गिलास को एक ही दिशा में रगड़ते रहो तब क्रॉस भी घिरनी की तरह घूमने लगेगा।

□

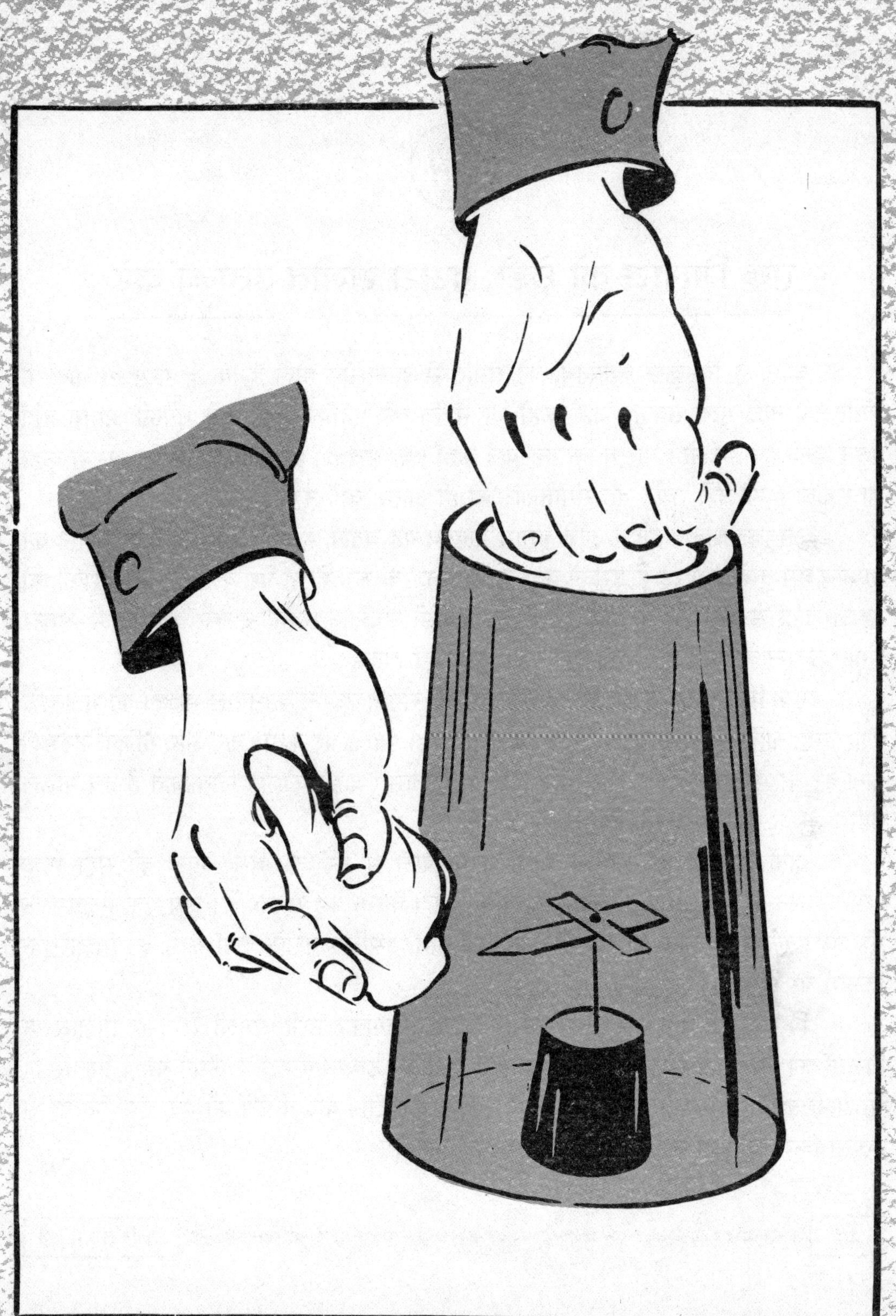

एक गिलास को छेड़ो, दूसरा संगीत उत्पन्न करे

कहते हैं कि कुछ व्यक्तियों को संगीत से इतना प्रेम होता है कि वे मरने के बाद भी संगीत को नहीं भुला सकते। जहाँ कहीं भी संगीत की महफिल जमती है उनकी आत्मा वहाँ पहुँच जाती है। हमें नहीं मालूम कि यह बात कहाँ तक सच है। हम नहीं जानते कि आत्मा कहीं जा सकती है या नहीं, चाहे वह संगीतकार की ही आत्मा क्यों न हो।

उपर्युक्त बात कहने के पीछे हमारा मतलब यह बताना है कि जिस मॉडल को बनाने की तरकीब हम तुम्हें बता रहे हैं उसको कुछ लोग 'जादू' के रूप में भी पेश करते हैं और दर्शकों को अपनी बातों से इस भ्रम में डाल देते हैं कि 'किसी संगीतकार की 'आत्मा' वास्तव में आकर संगीत उत्पन्न कर रही है।' दरअसल ऐसा कुछ नहीं होता।

एक गिलास को छेड़ने पर दूसरे गिलास के संगीत उत्पन्न करनेवाले मॉडल को बनाने के लिए तुम्हें चाहिए—पतले काँच के दो गिलास, थोड़ा पतला पर कठोर तार और रोजिन पाउडर। पानी हर घर में रहता ही है। अगर मदिरापान के गिलास (वाइन ग्लास) लिये जाते हैं तब मॉडल बेहतर तरीके से कार्य करता है।

दोनों गिलासों को लगभग आधा-आधा पानी से भर लो। वैसे कंपनों की सही मात्रा उत्पन्न करने के लिए पानी की मात्रा को कम-ज्यादा करना पड़ सकता है। अब एक गिलास के मुँह पर पतले कठोर तार को रख दो। तार गिरे नहीं, इसलिए उसके दोनों सिरों को गिलास के किनारों पर मोड़ दो।

फिर अपनी एक अँगुली में रोजिन पाउडर लगाकर उसी अँगुली से दूसरे गिलास के किनारों को रगड़ो। इससे गिलास में भरे पानी में कंपन उत्पन्न होगा। ये कंपन पहले गिलास में भरे पानी तथा उसपर रखे तार में भी कंपन उत्पन्न कर देंगे। यदि कंपनों को एक उपयुक्त दर से उत्पन्न किया जाए तो वे संगीत का आभास पैदा कर देंगे।

वैज्ञानिकों ने अपने अध्ययनों में यह पाया है कि यदि किसी वस्तु में, चाहे वह ठोस हो या द्रव अथवा गैस, बीस कंपनें प्रति सेकंड की दर से उत्पन्न की जाएँ तब ध्वनि पैदा होने लगती है। कंपनों की दर जितनी अधिक होगी ध्वनि की पिच भी उतनी ही ऊँची होगी। जब तुम रोजिन लगी अँगुली से गिलास की बाहरी सतह को रगड़ते हो तब घर्षण के कारण गिलास में कंपनें पैदा होने लगती हैं। इनकी दर आमतौर से ध्वनि उत्पन्न करने लायक होती है। वैसे कंपनों की वास्तविक संख्या गिलास की आकृति, काँच की प्रकृति और गिलास में भरे पानी की मात्रा पर निर्भर करती है। अगर गिलास में पानी की मात्रा अधिक होगी तो कंपनों की दर भी अधिक होगी और पिच भी उच्च होगी।

गिलास की दीवार को रगड़ने से उत्पन्न कंपन आसपास की हवा में भी उत्पन्न हो जाती हैं और उनमें से कुछ दूसरे गिलास तक पहुँचकर उसमें भरे पानी और उसके मुँह पर रखे तार में भी कंपन उत्पन्न कर देती हैं। इस तरह उत्पन्न कंपनों की वही दर होती है जो पहले गिलास के कंपनों की। इस प्रकार उत्पन्न कंपन 'अनुनादी कंपन' (सिंपथेटिक वाइब्रेशन) कहलाती हैं।

जब ये कंपन हवा में से यात्रा करती हुई हमारे कानों में पहुँचती हैं तो हमें संगीत का आभास होने लगता है।

□

15

फूको का पेंडुलम

फूको (Foucault) एक प्रसिद्ध फ्रेंच वैज्ञानिक थे, जिन्होंने सन् 1851 में पृथ्वी के घूर्णन के बारे में एक विलक्षण प्रमाण प्रस्तुत किया था। उन्होंने यह प्रमाण (प्रयोग) पेरिस के पेंथिओन के प्रसिद्ध गुंबद के अंदर एक भारी पेंडुलम की मदद से किया था। अन्य पेंडुलमों की ही भाँति वह भी मुक्त रूप से लटकनेवाला पेंडुलम ही था; पर वह फर्श पर बिखरे रेत पर खाँचे बनाता था। जब वह एक ही तल पर एक ही दिशा में घूमता था, तब उसके नीचे पेंथिओन का फर्श भी घूमता रहता था। इस कारण रेत पर बननेवाले खाँचे बहुत धीरे-धीरे अपनी दिशाएँ बदलते रहते थे।

फूको के इस प्रयोग ने उन्हें बहुत प्रसिद्धि दिलाई थी। आज भी इसके नमूने अनेक विज्ञान संग्रहालयों में रखे हुए हैं।

यदि तुम चाहो तो फूको के पेंडुलम का सरल मॉडल बना सकते हो। इसके लिए तुम्हें चाहिए—खाने के तीन काँटे, एक गहरी प्लेट, एक कॉर्क, एक सेब (फल), दो बड़ी सुइयाँ, थोड़ा सा बारीक पाउडर और मजबूत धागा।

पहले कॉर्क में से एक सुई को आर-पार इस प्रकार निकाल लो कि सुई की आँख (छेद) नीचे की ओर रहे। इसी प्रकार सेब में से भी दूसरी सुई को आर-पार निकाल लो; पर इस बार सुई की आँख ऊपर की ओर रहे।

अब कॉर्क पर तीनों काँटों के नुकीले भागों को इस प्रकार घुसा दो जिससे वे एक-दूसरे को संतुलित कर लें। उन काँटों के निचले भागों को प्लेट के किनारों पर टिका दो। प्लेट में पाउडर छिड़क दो।

फिर कॉर्क में से निकली सुई की आँख में धागे का एक सिरा बाँध दो। धागे की लंबाई को इस प्रकार नियंत्रित कर लो कि उसके दूसरे सिरे को सेब में घुसी सुई की आँख में बाँधकर

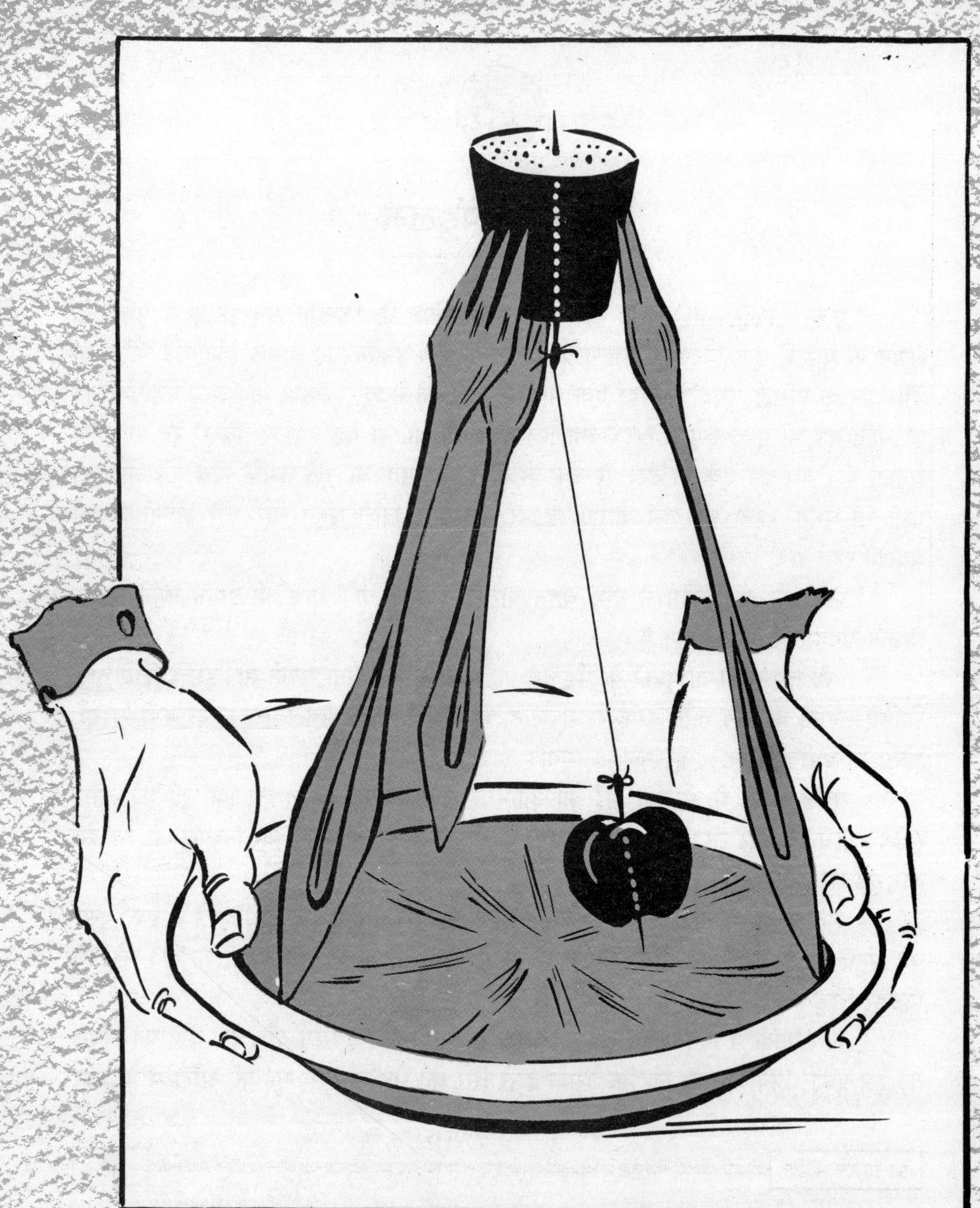

सेब को हिलाने पर उसका निचला भाग प्लेट में बिखरे पाउडर पर लकीर बनाए। ऐसा कर लेने के बाद धागे के दूसरे सिरे को बाँध दो। लो, बन गया मॉडल।

इसे परखने के लिए पेंडुलम-रूपी सेब को एक ओर ले जाकर छोड़ दो—उसी प्रकार जैसे पेंडुलम को गति देने के लिए किया जाता है। अब प्लेट को धीरे-धीरे बहुत सावधानी से वृत्ताकार रूप में घुमाना शुरू करो। इस दौरान सेब एक ही तल पर गति करते हुए पाउडर पर उसी प्रकार खाँचे बनाएगा जैसे फूको का पेंडुलम रेत में खाँचे बनाता था।

□

16

डिब्बा दहाड़े सिंह की भाँति

तुमने कहानियों में पढ़ा है कि जंगल में जब सिंह दहाड़ता है तब सब जानवर सहम जाते हैं। हो सकता है कि तुमने चिड़ियाघर में भी सिंह की दहाड़ सुनी हो। अब हम तुम्हें एक ऐसे सरल उपकरण के बारे में बताएँगे, जो सिंह जैसी दहाड़ उत्पन्न कर सकता है।

इसको बनाने के लिए तुम्हें चाहिए—टिन का एक चौकोर डिब्बा, पेंसिल, मजबूत धागे का टुकड़ा और रोजिन। मोची जूते या चमड़े की किसी वस्तु को सीने से पहले धागे पर मोम जैसी एक चीज लगाता है, वह ही रोजिन है। इसको लगाने से धागा मजबूत हो जाता है।

पहले धागे पर रोजिन लगा लो। फिर डिब्बे के एक बाजू में थोड़ा सा छेद कर लो। उसमें से धागे का एक सिरा निकाल लो। डिब्बे का ढक्कन हटाकर डिब्बे के अंदर पेंसिल डाल दो और उसके बीच में धागे का वह सिरा बाँध दो। बाद में डिब्बे पर ढक्कन लगा दो।

अब एक हाथ में डिब्बे को मजबूती से पकड़ लो और दूसरे हाथ के अँगूठे और तर्जनी से धागे का सिरा बाहर की ओर खींचो। ऐसा करने से डिब्बे में से आवाज निकलती है। यह आवाज काफी जोर से निकलती है। डिब्बे की धातु के अनुसार यह सिंह के दहाड़ने की आवाज भी हो सकती है और कुत्ते के भौंकने की भी।

अलग-अलग प्रकार के डिब्बों का उपयोग करके तुम भिन्न-भिन्न प्रकार की आवाजें निकाल सकते हो।

□

अपना सितार बनाओ

तुम सब बच्चों ने सितार देखा है और उससे उत्पन्न होनेवाली अत्यंत मधुर और कर्णप्रिय धुनें भी सुनी हैं। जैसाकि तुम जानते हो कि सितार के तारों को एक विशेष प्रकार से छेड़ने से ही मधुर संगीत उत्पन्न होता है। सितार बनाना काफी जटिल काम होता है और उससे भी कठिन होता है उसमें तारों को सही तरीके से फिट करना। अगर तार समुचित तरीके से फिट नहीं होते तब धुन भी ठीक नहीं निकलती।

हम तुम्हें सितार जैसा एक खिलौना बनाना बताएँगे। इसके लिए तुम्हें चाहिए—इस्पात का एक तार (अगर यह तार सितार या वायलिन जैसे किसी वाद्य का हो तो बेहतर होगा), लकड़ी का एक सपाट पटिया, लकड़ी की तीन छोटी-छोटी डंडियाँ, लगभग दो कि.ग्रा. भारी वजन और एक कील।

लकड़ी के पटिए के एक सिरे के नजदीक कील ठोक लो। फिर पटिए पर, थोड़ी-थोड़ी दूरी पर लकड़ी की एक-एक डंडी रख दो। कील से इस्पात के तार का एक सिरा बाँधकर दूसरे सिरे को डंडियों पर से खींचते हुए उसमें वजन बाँधकर लटका दो। वह वजन पटिए से बाहर लटका रहेगा। अब तार के नीचे तीसरी डंडी भी रख दो।

लो, बन गया खिलौना सितार। अब इसके तार को छेड़ने पर कैसा स्वर निकलेगा—यह हम नहीं बता सकते।

□

अपना टेलीफोन बनाओ

एक ऐसा टेलीफोन बनाना, जिससे तुम लगभग तीस मीटर की दूरी तक बात कर सकते हो, काफी आसान काम है। इसके लिए तुम्हें चाहिए सिर्फ प्लास्टिक के दो मग या कप और लगभग पचास मीटर लंबा, पतला, पर मजबूत धागा।

प्रत्येक मग की तली में एक छोटा सा छेद कर लो। उसमें से बाहर की ओर से धागे का एक सिरा घुसा दो और सिरे पर गाँठ लगा दो, जिससे धागा बाहर न निकल सके। इस प्रकार प्रत्येक मग टेलीफोन के रिसीवर और माउथपीस—दोनों का काम कर सकता है।

अब तुम एक मग स्वयं पकड़कर दूसरा अपने किसी साथी को दे दो। साथ ही अपने साथी से कहो कि वह इतनी दूर चला जाए जिससे धागा पूरी तरह तन जाए, ढीला न रहे। धागे के ढीले पड़ जाने से तुम्हारी ध्वनि से उत्पन्न कंपनें वायु में चली जाएँगी और ध्वनि बहुत धीमी हो जाएगी।

धागे के तने रहने से ध्वनि के कंपनों की हानि कम हो जाती है। इसलिए तुम्हारी ध्वनि अधिक दूरी तक और अधिक स्पष्ट तरीके से पहुँच जाती है।

इसके अतिरिक्त इस टेलीफोन के धागे के बीच में एक और धागा जोड़ देने पर तुम अपने दो साथियों से एक साथ बात कर सकते हो। पर उसके लिए जोड़े गए धागे के दूसरे सिरे पर भी उसी प्रकार एक मग लगाना होगा जैसे पहले धागे के सिरे पर लगाए गए थे।

इस प्रकार के टेलीफोन से आपस में वार्त्ता करने के लिए तुम्हें और तुम्हारे साथियों को एक 'समझौता' करना होगा। यदि कोई बच्चा बात कर रहा है तब दूसरा बच्चा उस समय तक बोलना शुरू न करे जब तक पहला बच्चा अपनी बात पूरी नहीं कर लेता है। सुननेवाले को यह बताने के लिए कि तुमने अपनी बात पूरी कह ली है तुम्हें 'ओवर' (बात पूरी हुई) कहना चाहिए। यदि अंत में तुम ऐसा नहीं कहते तब सुननेवाला यह समझता रहेगा कि तुमने बात पूरी नहीं की है।

दूसरे बच्चे को भी यही व्यवहार करना चाहिए।

जब वार्त्ता समाप्त हो जाए तब 'ओवर और आउट' शब्द बोलने चाहिए। ☐

19

सेकंड पेंडुलम बनाओ

ऐसा पेंडुलम, जिसको एक सिरे से दूसरे सिरे तक जाने में ठीक एक सेकंड समय लगे, बनाना वास्तव में बहुत रुचिकर होता है। यद्यपि इसे पूरा दोलन लेने के लिए, जिस बिंदु से वह चलना आरंभ करे उसी बिंदु पर लौट आने में दो सेकंड लगते हैं, परंतु आमतौर पर इसे 'सेकंड पेंडुलम' ही कहा जाता है। जैसाकि तुम जानते हो कि पेंडुलम के दो महत्त्वपूर्ण अंग होते हैं—धागा या छड़ और उसके एक सिरे पर लटका एक वजन। धागे के दूसरे सिरे में एक छल्ला बनाकर उसे किसी कील आदि से लटकाया जा सकता है।

सेकंड पेंडुलम बनाने के लिए तुम्हें चाहिए—लगभग पचासी से.मी. लंबा मजबूत धागा और धातु का एक नट। धागे की लंबाई में छल्ले और नट की लंबाई भी शामिल मान लेनी चाहिए। पेंडुलम को दोलन करने में कोई रुकावट नहीं आनी चाहिए।

पेंडुलम की दोलन अवधि ठीक दो सेकंड हो, इसलिए तुम्हें बार-बार कोशिश करनी होगी और धागे की लंबाई को कई बार छोटा-बड़ा करना पड़ सकता है। इसका सर्वोत्तम तरीका है एक ऐसी घड़ी की मदद से दोलन अवधि मापनी, जिसमें सेकंड की सुई लगी हो। उससे समय मिलाकर देखो कि पेंडुलम साठ सेकंड में तीस दोलन कर लेता है या नहीं। यदि समय ज्यादा लगता है तब धागे को थोड़ा छोटा कर लो। कम समय लगने पर धागे की लंबाई थोड़ी सी बढ़ा दो। पर पेंडुलम को एक ही बिंदु से दोलन कराओ।

जब तुम अपने पेंडुलम को सही 'सेकंड पेंडुलम' बना लोगे तब हो सकता है, तुम्हारे मन में यह विचार भी आए कि दोलन लंबाई बढ़ा देने का दोलन अवधि पर क्या प्रभाव पड़ता है। इस बारे में प्रयोग करने पर तुम पाओगे कि लंबाई की घट-बढ़ से समयावधि भी कुछ हद तक घट-बढ़ जाती है। पर वास्तव में उसका प्रभाव लगभग दस प्रतिशत ही होता है।

यदि तुम्हें ऐसा पेंडुलम बनाना हो, जिसकी दोलन अवधि चार सेकंड हो, तब तुम्हें धागे की लंबाई 2×2 अर्थात् 4 गुना बढ़ानी होगी। □

फैलता हुआ ब्रह्मांड

तुम्हें मालूम है कि ब्रह्मांड में हमारी आकाशगंगा जैसी हजारों-लाखों नीहारिकाएँ हैं और हर नीहारिका में अरबों-खरबों तारे और ग्रह हैं। पर ये नीहारिकाएँ अत्यंत तेजी से एक-दूसरे से दूर भागती जा रही हैं। इस प्रकार ब्रह्मांड निरंतर फैलता जा रहा है। उसका विस्तार बढ़ रहा है।

तुम भी फैलते हुए ब्रह्मांड का एक सरल और आसान मॉडल बना सकते हो। इसके लिए तुम्हें चाहिए—फूलनेवाला एक गुब्बारा, थोड़ा सा पेंट या स्याही और एक ब्रश।

गुब्बारे को थोड़ा सा फुलाकर उसपर ब्रश की मदद से पेंट अथवा स्याही से पास-पास बहुत से बिंदु लगा लो। हर बिंदु एक नीहारिका का प्रतीक हो सकता है। अब गुब्बारे को पूरी तरह फुला लो। इससे बिंदुओं के बीच की दूरियाँ बढ़ती जाएँगी। वे लगभग उसी प्रकार बढ़ेंगी जैसे नीहारिकाओं के बीच की दूरियाँ बढ़ रही हैं।

आज भी वैज्ञानिकों को यह सही-सही ज्ञात नहीं है कि ब्रह्मांड कब तक फैलना जारी रखेगा। वह कभी सिकुड़ेगा भी या नहीं, अथवा सिकुड़कर पुनः फैलेगा या नहीं; परंतु तुम अपने गुब्बारे के मॉडल से यह सब कर सकते हो।

□

चाय की पत्तियों से नीहारिका

किसी रात को जब बादल नहीं छाए हुए हों और न ही चाँद निकला हो, आकाश को देखने पर तुम्हें हजारों खगोलीय पिंड दिखाई देते हैं। पर ये पिंड आकाश के हर भाग में एक सी सघनता से वितरित नहीं होते। कहीं ये घने होते हैं और कहीं कम। पर अधिकांश पिंड एक 'वक्र धारा' में स्थित होते हैं। यह धारा एक नदी जैसी प्रतीत होती है। इसीलिए बोलचाल की भाषा में हम इसे 'आकाशगंगा' कहते हैं। यह असंख्य तारों, ग्रहों, उपग्रहों आदि से युक्त एक नीहारिका है। इसमें ही हमारा सौरमंडल—सूर्य तथा ग्रह आदि—स्थित है।

वैज्ञानिकों ने रेडियो टेलीस्कोप तथा अन्य यंत्रों से, वर्षों तक लगातार अध्ययन करके, यह निष्कर्ष निकाला है कि आकाशगंगा वास्तव में गोलाकार है। परंतु हमारी पृथ्वी के इस नीहारिका के अंदर ही (सौर परिवार के एक सदस्य के रूप में) स्थित होने के कारण वह हमें दोहरे अवतल लेंस (कॉनवैक्स लेंस) जैसी आकृति की दिखाई देती है। इस लेंस के दीर्घ अक्ष के आसपास अधिक तारे दिखाई देते हैं और लघु अक्ष के पास कम।

तुम चाय की पत्तियों की मदद से इस प्रकार की नीहारिका का मॉडल बना सकते हो। इसके लिए चाहिए—एक सपाट पेंदेवाली कड़ाही (पैन), चाय की पत्तियाँ और पानी। अगर पैन की तली सफेद रंग की हो तो बेहतर है और चाय की इस्तेमाल की गई पत्तियों से भी काम चल सकता है।

पहले पैन में चाय की पत्ती डालकर उसे पानी से तीन-चौथाई भर लो। फिर पानी को चम्मच की मदद से जोर से घुमाओ। चम्मच हटा लो और पत्तियों को ध्यान से देखो। जब पानी की गति धीमी होने लगती है तब भी ये पत्तियाँ पैन के केंद्र के इर्दगिर्द गोलाकार पथों में घूमती रहती हैं।

गोलाकार नीहारिका में तारे तथा अन्य खगोलीय पिंड भी कुछ इसी प्रकार से परिक्रमा करते हैं। □

स्तंभ, जो हिलना ही नहीं चाहता

इमारतों, विशेष रूप से ऊँची इमारतों के निर्माण में अकसर ही सीमेंट-कंक्रीट के स्तंभ बनाए जाते हैं। इन्हीं स्तंभों पर इमारत की छत टिकी होती है। ऐसे स्तंभ बहुत मजबूत होते हैं और वे बिलकुल भी नहीं हिलते। यदि वे हिलने लगते हैं तब छत के गिरने का खतरा उत्पन्न हो जाता है।

यहाँ हम ऐसे स्तंभों की चर्चा नहीं कर रहे। हम तो कैरम की गोटियों को एक के ऊपर एक रखकर बनाए जानेवाले अस्थायी स्तंभ की बात कर रहे हैं। ये अस्थायी जरूर होते हैं, पर हिलना ये भी नहीं चाहते। क्यों? कारण समझने से पहले ऐसा स्तंभ बनाकर उसे गिराने की कोशिश करके देखो।

कैरम की दस गोटियों को एक के ऊपर एक रखकर एक स्तंभ बना लो। अब लकड़ी या लोहे की कोई पतली पट्टी लेकर स्तंभ की सबसे निचली गोटी पर मारो। तुम सोचते होगे कि ऐसा करने से पूरा स्तंभ गिर जाएगा; परंतु ऐसा कुछ नहीं होता। सिर्फ सबसे निचली गोटी ही स्तंभ से निकल जाती है। बाकी की गोटियाँ स्तंभ बनाए रखती हैं। अब अगर फिर से सबसे निचली गोटी पर पट्टी से चोट मारो तब भी केवल वही गोटी ही बाहर निकलती है, शेष गोटियाँ स्तंभ बनाए रखती हैं।

गोटियों का इस प्रकार का व्यवहार जड़त्व के कारण होता है। जड़त्व के अनुसार हर वस्तु अपनी यथास्थिति बनाए रखने का प्रयत्न करती है। वैसे जड़त्व का वस्तु के भार (सही शब्दों में—संहति) के साथ सीधा संबंध होता है। जड़त्व भार के साथ बढ़ता जाता है।

□

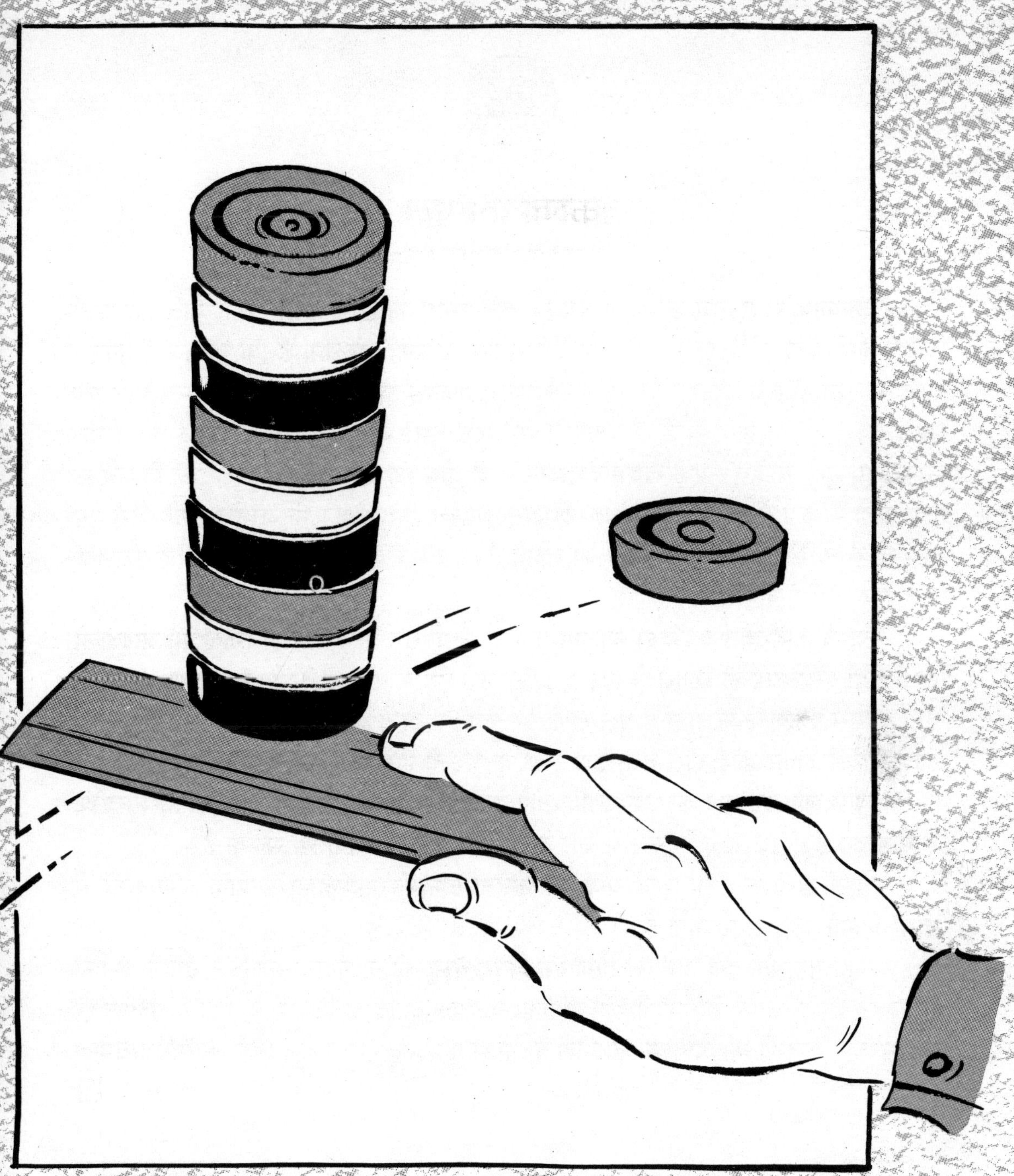

23

कागज का पुल

आमतौर पर कागज को इतना मजबूत नहीं समझा जाता कि उससे बनाई नाली पर मोटी किताब जैसी वस्तु भी टिक सके। पर प्रयोगों से यह प्रमाणित हो गया है कि वास्तव में कागज काफी मजबूत होता है। कार्ड बोर्ड तो उससे ज्यादा मजबूत होता है। इसलिए तुम सहज ही यह समझ सकते हो कि कार्ड बोर्ड से बनाया गया 'पुल' भारी जार के वजन को सहन कर लेगा। इसके लिए तुम्हें चाहिए—एक खाली जार और कार्ड बोर्ड का एक टुकड़ा। 'पुल' को टिकाने के लिए खंभों के रूप में दो ईंटों की अथवा दो अन्य (खाली) जारों की भी जरूरत होगी। वैसे तुम चाहो तो ये खंभे भी कागज के बनाए जा सकते हैं। इसके लिए कागज की दो शीट लेकर उन्हें नली के रूप में रोल कर लो।

पहले कार्ड बोर्ड की वैसी नालियाँ बना लो जैसी छत के रूप में इस्तेमाल की जानेवाली टिन अथवा एस्बेस्टस की चादरों में होती हैं। फिर उसे ईंट के या जार के अथवा कागज के बनाए खंभों पर इस प्रकार टिका दो जैसे पुल खंभों पर टिका रहता है। लो, बन गया पुल। इस पुल पर खाली जार से लेकर कोई भारी वस्तु तक रखी जा सकती है। यह टूटेगा नहीं।

कुछ लोग इस पुल का एक खंभा बनाने के लिए कार्ड बोर्ड के एक सिरे को ही समकोण पर मोड़ देते हैं। दूसरे खंभे के रूप में जार या ईंट का उपयोग किया जा सकता है।

दोनों खंभों के लिए कार्ड बोर्ड को मोड़ना उपयुक्त नहीं होता, क्योंकि ऐसा करने से 'खंभे' टिकते नहीं, सरक जाते हैं।

यहाँ यह बता देना उपयुक्त होगा कि किसी वस्तु को नालीदार आकृति दे देने से उसकी भार-वहन क्षमता काफी बढ़ जाती है। इसीलिए वायुयान आदि के निर्माण में, जहाँ हलकी परंतु बहुत मजबूत वस्तुओं की आवश्यकता होती है, नाली की आकृति की वस्तुएँ ही अधिक इस्तेमाल की जाती हैं। □

साँस वजन उठाए

हवा का दबाव उलटे गिलास में से पानी को न गिरने, टिन के डिब्बे को पिचका देने अथवा आँधी या चक्रवात उत्पन्न करने के अतिरिक्त भी बहुत से कार्य कर सकता है। साथ ही तुम भी उसके साथ अन्य अनेक करतब दिखा सकते हो। तुम चाहो तो हवा के दबाव के परोक्ष प्रभावस्वरूप भारी वजन को (लगभग दस कि.ग्रा. वजन को) अपनी फूँक से उठा सकते हो।

ऐसा करने के लिए तुम्हें चाहिए प्लास्टिक का एक मजबूत लंबा थैला और कुछ (पाँच-सात) मोटी-मोटी पुस्तकें। थैले का मुँह काफी छोटा होना चाहिए; उसमें कोई अन्य छिद्र नहीं होना चाहिए और न ही उसे कहीं से कटा-फटा होना चाहिए। उसमें छेद होने से या उसके कटे-फटे होने पर थैले में से हवा बाहर निकल सकती है और साँस की मदद से वजन उठाने का तुम्हारा प्रयास असफल हो सकता है।

पहले किसी मेज अथवा सपाट सतह पर थैले को इस प्रकार रखो कि उसका मुँह बाहर की ओर, तुम्हारी ओर, रहे। फिर थैले पर पाँच-सात मोटी-मोटी पुस्तकें रख दो। अब थैले के मुँह पर अपना मुँह लगाकर उसमें जोर से फूँक मारो। तुम देखते हो कि थोड़ी सी हवा फूँकने पर ही पुस्तकें ऊपर उठने लगती हैं। तुम्हारी साँस (फूँक) लगभग दस कि.ग्रा. वजन की पुस्तकें ऊपर उठा देती है। फूँकते समय यह ध्यान रखो कि पुस्तकें तुम्हारे चेहरे या सिर पर न गिरें।

हवा की मदद से वजन उठ जाने का कारण क्या है? यह है एक सुविदित प्राकृतिक सिद्धांत, जिसे सत्रहवीं शताब्दी के फ्रेंच गणितज्ञ ब्लेज पास्कल ने खोजा था। इसलिए यह 'पास्कल का सिद्धांत' कहलाता है। इस सिद्धांत के अनुसार, किसी तरल (गैस या द्रव) पर लगाया गया बल तरल में सब दिशाओं में फैल जाता है। इस प्रयोग के संदर्भ में पास्कल के सिद्धांत के प्रभाव को इस प्रकार समझाया जा सकता है—

जब तुम थैले में फूँक मारते हो तब उसमें बाहरी वातावरण की तुलना में वायु का दबाव

बढ़ जाता है। मान लो, थैले में हवा फूँककर तुमने थैले में वायु दाब को 1/10 वायुमंडल अर्थात् 0.105 कि.ग्रा. प्रति वर्ग से.मी. बढ़ा दिया। दबाव की यह बढ़त थैले में भरी हवा के प्रति वर्ग से.मी. पर पड़ती है। अगर थैला 10 से.मी. चौड़ा और 30 से.मी. लंबा है तब उसका क्षेत्रफल हुआ 10 × 30 = 300 वर्ग से.मी.। तब उसमें भरी तीन सौ वर्ग से.मी. हवा हर वर्ग से.मी. क्षेत्र को 300 × 0.105 = 31.5 कि.ग्रा. प्रति वर्ग से.मी. से दबाना शुरू कर देगी। इस दबाव के फलस्वरूप ही पुस्तकें ऊपर उठने लगती हैं।

पास्कल के सिद्धांत की मदद से यह आसानी से समझाया जा सकता है कि जैक भारी मोटरवाहन को किस प्रकार ऊपर उठा लेता है। जैक में द्रव (तेल) भरा होता है। द्रव पर डाला गंया हलका सा दबाव भी भारी वस्तु को उठा लेता है।

□

25

भाप से चलनेवाला झूला

बच्चों को झूला झूलना बहुत अच्छा लगता है। मेलों और प्रदर्शनियों में उनके मनपसंद खेल होते हैं तरह-तरह के झूले। कुछ झूले ऐसे होते हैं जिनमें सवार आदमी लगातार नीचे से ऊपर और ऊपर से नीचे आता रहता है। कुछ झूले ऐसे होते हैं जो एक खंभे को केंद्र मानकर उसके इर्दगिर्द, धरती के समानांतर घूमते रहते हैं। हम तुम्हें एक ऐसा ही झूला बनाने की विधि बताएँगे जो धरती के समानांतर, एक केंद्र के इर्दगिर्द घूमता हो। परंतु यह झूला बहुत छोटा होगा। उसमें तुम तो बैठ ही नहीं सकोगे—केवल बहुत छोटा सा खिलौना ही झूल सकेगा।

ऐसा झूला बनाने के लिए तुम्हें चाहिए—एक मजबूत बोतल, दो कॉर्क, खाना खानेवाले दो काँटे, थोड़ा सा तार, एक सिक्का, ऑलपिनें, थोड़ी सी रुई, थोड़ी सी मिथिलेटेड स्पिरिट और दो अंडे। अगर काँटे एल्युमीनियम के हों तो बेहतर होगा, क्योंकि वे हलके होते हैं और हमें अपने मॉडल के लिए हलके काँटे ही चाहिए। पानी और माचिस तो हर घर में रहती ही है।

पहले तार की दो छोटी बास्केट बना लो। इन बास्केटों के ऊपर तार के इतने लंबे टुकड़े छोड़ दो जिनसे बास्केट के ऊपर रखे अंडों के खोलों को भलीभाँति लपेटा जा सके।

अब अंडों में एक सिरे पर धीरे-धीरे, सावधानी से किसी नुकीली कील आदि से बारीक सूराख कर लो। सूराख करते समय यह ध्यान रखना जरूरी होता है कि अंडों के खोल चटक न जाएँ, उनमें दरार न पड़ जाए। इन सूराखों में से अंडों के अंदर के पदार्थ को निकाल दो। फिर अंडों के खोलों में धीरे-धीरे पानी भर दो।

बोतल के मुँह पर एक कॉर्क इस प्रकार लगा दो कि वह मुँह में पूरी तरह फँस जाए, पर बोतल के अंदर न गिरे। उस कॉर्क पर एक सिक्का रख दो।

दूसरी कॉर्क के एकदम मध्य में एक ऑलपिन घुसा दो और कॉर्क के दोनों ओर एक-एक काँटा फँसा दो। पिन के सिरे को सिक्के पर टिका दो।

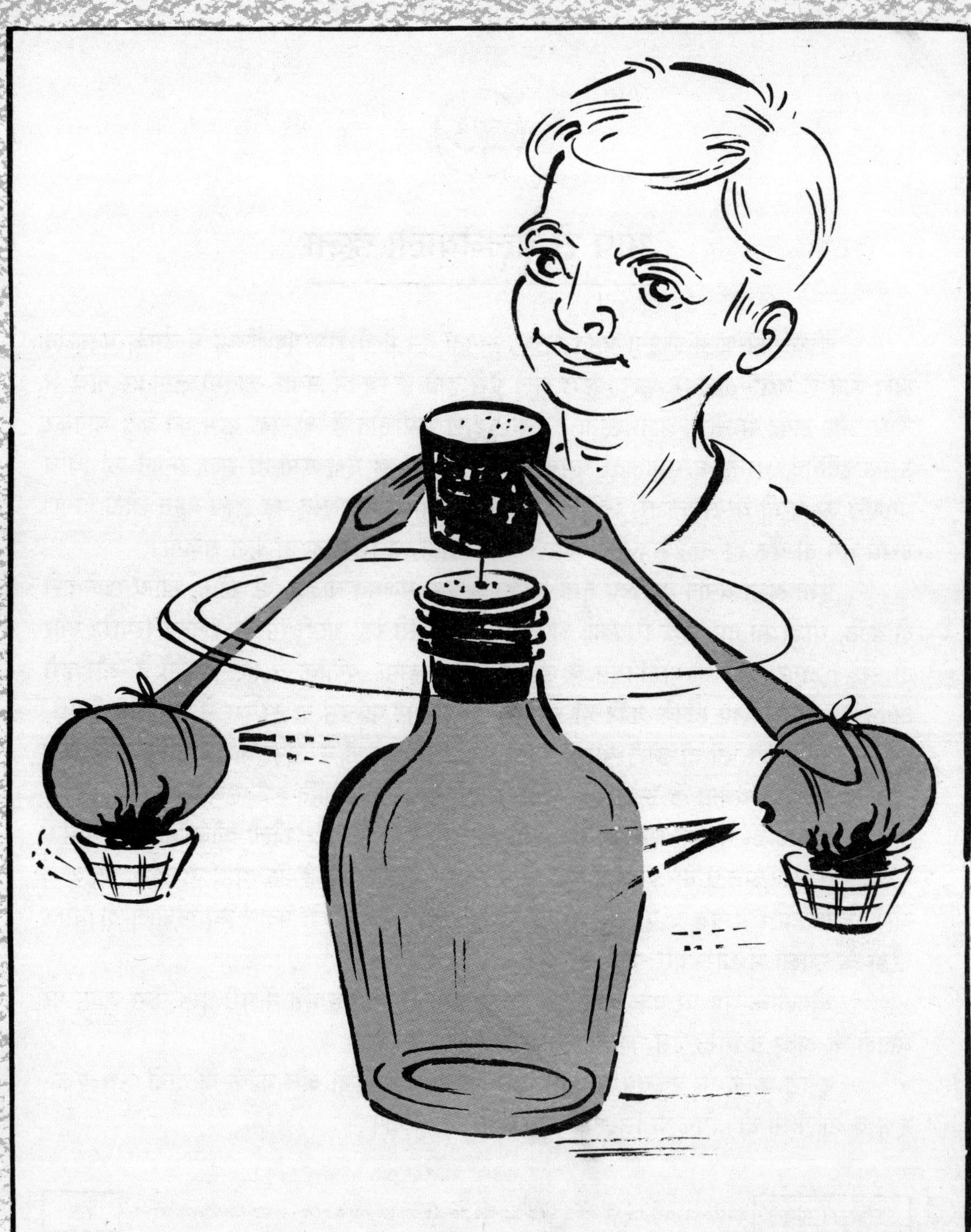

बास्केटों के ऊपर एक-एक अंडा (अंडों के खोल) रखकर उन्हें तार के टुकड़ों से बाँध दो। खोलों को बास्केट में रखते समय ध्यान रहे कि उनके सूराख एक ही दिशा में हों। फिर बास्केटों को काँटों के निचले सिरों से बाँध दो।

अब बास्केट के निचले भाग में मिथिलेटेड स्पिरिट में भिगोकर थोड़ी सी रुई रख दो। अगर तुमने सही तरीके से अपना मॉडल बनाया है तब वह चित्र में दर्शाई गई आकृति के समान दिखेगा।

स्पिरिट से भीगी रुई को जलाने के कुछ क्षणों बाद अंडों के खोलों के सूराखों में से भाप बाहर निकलने लगेगी और झूला अपने आप घूमने लगेगा।

भाप पीछे की ओर निकलेगी। इसलिए न्यूटन के गति के तीसरे नियम के अनुसार झूला आगे की ओर बढ़ेगा।

□

डिब्बा स्वयं वापस आ जाए

तुम ऐसे शंकु के बारे में पढ़ चुके हो जो यह भ्रम उत्पन्न करता है कि नीची जगह पर छोड़ देने से वह ऊपर की ओर चढ़ने लगता है। अब हम ऐसे डिब्बे के बारे में बता रहे हैं जो लुढ़काने पर कुछ दूर आगे बढ़ता है, पर जल्दी ही वापस आने लगता है।

ऐसा डिब्बा बनाने के लिए तुम्हें चाहिए—टिन का एक डिब्बा जिसपर ढक्कन लगा हो, एक भारी नट या वजन, लगभग आधा मीटर इलास्टिक (जैसा पाजामे-कच्छे में नाड़े के रूप में डाला जाता है) और थोड़ा सा धागा।

पहले डिब्बे के ढक्कन और तली में दो-दो छेद कर लो और उनमें से इलास्टिक को इस प्रकार निकाल लो जैसा चित्र में दिखाया गया है। जहाँ इलास्टिक का एक भाग दूसरे भाग से मिलता है वहाँ धागे की मदद से वजन यानी नट लटका दो। अब ढक्कन को डिब्बे पर लगा दो। बन गया ऐसा विचित्र डिब्बा।

जब तुम डिब्बे को अपने से दूर लुढ़काते हो तब नट अपने स्थान पर लटका रहता है, पर इलास्टिक आपस में लिपट जाता है। इससे डिब्बा रुक जाता है और फिर तुम्हारी ओर वापस आने लगता है। पर इस बारे में यह सावधानी बरतनी होती है कि डिब्बे को ज्यादा दूर नहीं जाने दो, अन्यथा नट भी इलास्टिक में लिपटने लगेगा। ऐसा हो जाने पर डिब्बा वापस नहीं आ पाएगा।

डिब्बे के वापस लुढ़कने के लिए आवश्यक ऊर्जा इलास्टिक के खुलने के फलस्वरूप प्राप्त होती है।

□

गुड़िया पानी पर नाचती रही

बच्चों को नाचनेवाली गुड़िया बहुत अच्छी लगती है और अगर गुड़िया पानी पर नाचनेवाली हो तब तो कहना ही क्या!

पानी पर नाचनेवाली गुड़िया बनाने के लिए तुम्हें चाहिए—कॉर्क के कई टुकड़े, जिनमें एक टुकड़ा काफी बड़ा हो तथा उसके ऊपरी और निचले पृष्ठ गोलाकार (वृत्ताकार) हों, दो बड़ी सुइयाँ, कपूर के कुछ टुकड़े, क्विक फिक्स, कागज और पानी।

पहले बड़े गोलाकार कॉर्क में से दो सुइयों को आर-पार निकालकर क्रॉस बना लो। सुइयों के दोनों सिरों पर कॉर्क के छोटे-छोटे टुकड़े लगा दो। कागज की छोटी गुड़िया काटकर उसे कॉर्क के बड़े टुकड़े पर खड़ी कर दो। इस बारे में यह जरूरी है कि क्रॉस बहुत बड़ा (पाँच से.मी. से अधिक) न हो तथा गुड़िया भी हलकी से हलकी हो, अन्यथा मॉडल भली प्रकार कार्य नहीं कर पाएगा। अंत में कॉर्क के छोटे-छोटे टुकड़ों में से प्रत्येक के पीछे कपूर का एक-एक टुकड़ा चिपका दो। वैसे कपूर चिपकाने के लिए बालसा सीमेंट सर्वश्रेष्ठ होता है, पर क्विक फिक्स से भी यह कार्य किया जा सकता है।

इस पूरी व्यवस्था को एक बड़े कटोरे में भरे पानी की सतह पर धीरे से रख दो। यदि सब काम सही प्रकार किए गए हैं तब क्रॉस धीरे-धीरे गोल-गोल घूमने लगता है। ऐसा काफी समय तक होता रहता है।

इस मॉडल के निर्माण में एक सावधानी बरतनी बहुत जरूरी होती है, अन्यथा यह कार्य नहीं करता। सुई, कॉर्क, कपूर, पानी और यहाँ तक कि वह कटोरा भी, जिसमें पानी लिया जाता है, सब एकदम चिकनाईरहित होने चाहिए। अगर किसी भी वस्तु में जरा सी भी चिकनाई मौजूद होती है तब काम बिगड़ जाता है। इसलिए मॉडल बनाने से पहले अपने हाथों तथा अन्य वस्तुओं को गरम पानी और साबुन से भलीभाँति धो लेना चाहिए। □

मोमबत्ती पर चित्र बनाना

मोमबत्ती पर मनचाहे चित्र बनाने के लिए तुम्हें चाहिए—कुछ मोमबत्तियाँ, अखबारों या पुस्तकों में छपे वे चित्र जो तुम्हें छापने हैं और माचिस। यद्यपि किसी भी पुस्तक में छपे चित्रों को मोमबत्ती पर उतारा जा सकता है, परंतु पतले कागज पर मोटी, काली, स्पष्ट रेखाओं में छपे चित्र इस काम के लिए बेहतर होते हैं। निश्चय ही चित्र इतने बड़े नहीं होने चाहिए कि वे मोमबत्ती पर समा न सकें।

मोमबत्ती पर चित्र छापने के लिए उस कागज को, जिसपर चित्र बने हैं, मोमबत्ती के इर्दगिर्द इस प्रकार लपेट दो कि चित्रवाला हिस्सा अंदर की ओर रहे। फिर माचिस की तीली जलाकर उसे कागज पर धीरे-धीरे सावधानीपूर्वक फेरो। ऐसा करते समय यह सावधानी रखनी जरूरी है कि कागज गरम हो जाए, पर जले नहीं। दो-तीन बार जलती हुई तीली फेरने के बाद तीली बुझा दो और कागज को सावधानीपूर्वक मोमबत्ती पर से हटा लो। तुम देखते हो कि मोमबत्ती पर चित्र छप गया है।

इस बारे में यह भी उल्लेखनीय है कि उक्त विधि से सफेद मोमबत्ती पर रंगीन चित्र भी छापे जा सकते हैं, पर रंगीन रेखाओं का मोटी और स्पष्ट होना जरूरी है। अगर कागज पर चित्र हाल में ही मुद्रित किए गए हों तब बेहतर नतीजे मिलते हैं।

□

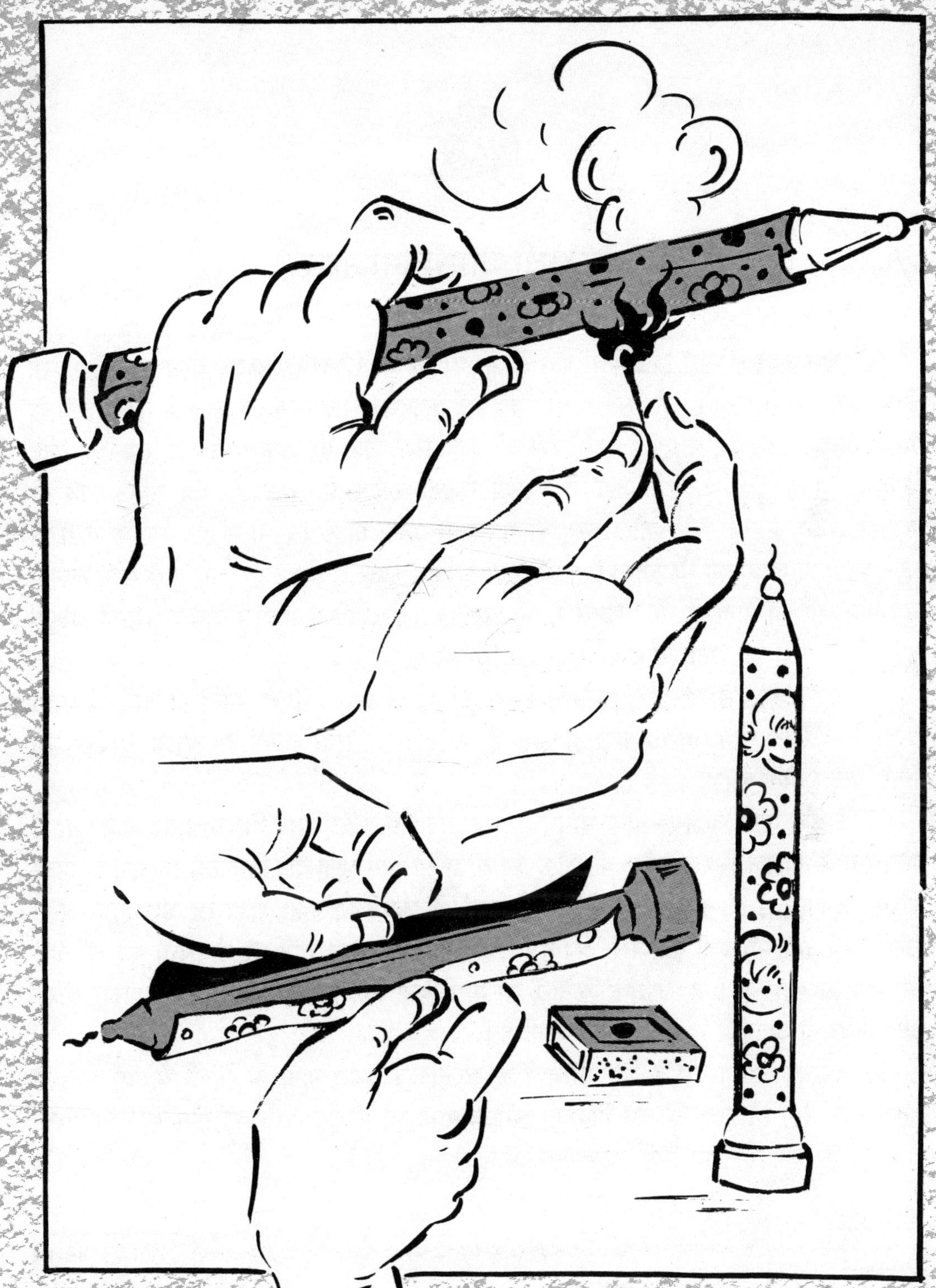

पोली होती जाती मोमबत्ती

तुम शहर में रहते हो अथवा गाँव में; तुम्हारे घर की बिजली अकसर चली जाती है। ऐसा दिन के समय भी होता है और रात में भी। जब रात के समय बिजली चली जाती है तब रोशनी के लिए मोमबत्ती की ढूँढ़ मचती है। मोमबत्ती को जला लिये जाने पर अकसर उसको रखने के लिए उपयुक्त जगह ढूँढ़ी जाती है जहाँ से उसकी रोशनी ज्यादा-से-ज्यादा दूर जा सके। साथ ही उसकी लौ के किसी ज्वलनशील वस्तु के संपर्क में आने का खतरा भी न हो; क्योंकि ऐसा हो जाने पर आग लगने का भी खतरा पैदा हो जाता है। इस खतरे से बचने के लिए कुछ लोग जलती हुई मोमबत्ती को पानी से भरे गिलास में भी इस प्रकार रख देते हैं जिससे केवल उसकी जलती हुई लौ ही पानी की सतह के ऊपर रहे, बाकी मोमबत्ती पानी में डूबी रहे।

ऐसा करने से जलती हुई मोमबत्ती से आग लगने का खतरा तो रहता ही नहीं, साथ ही अंदर से खोखली मोमबत्ती भी प्राप्त हो जाती है, जो देखने में सुंदर लगती है। आओ, देखें—ऐसा किस प्रकार होता है।

इसके लिए चाहिए—एक मोमबत्ती, एक नुकीली कील, एक गिलास और पानी। पहले मोमबत्ती के निचले सिरे में कील की नोक का थोड़ा सा भाग घुसा दो। फिर उसे गिलास के अंदर रखकर गिलास में इतना पानी भर दो कि मोमबत्ती के ऊपरी सिरे का थोड़ा सा अंश ही पानी से ऊपर रहे। अब मोमबत्ती को जला दो। तुम देखते हो कि जलती रहने पर मोमबत्ती की लौ नीचे की ओर सरकती जाती है, जबकि किनारों का मोम बिना जले ही रह जाता है। इस प्रकार धीरे-धीरे मोमबत्ती अंदर से खोखली होती जाती है।

इसका कारण यह है कि मोमबत्ती के किनारे का मोम पानी के संपर्क में बने रहने से इतना नरम नहीं हो पाता कि वह पिघलने लगे, जबकि लौ के आसपास का मोम यानी मोमबत्ती के बीच के भाग का मोम निरंतर पिघलता और जलता रहता है। □

अंडे तुम्हारी आज्ञा मानें

अगर तुम चाहो तो अपने साथियों को यह 'खेल' दिखा सकते हो, जिसमें तुम्हारी 'आज्ञा' से अंडा पानी में डूबे अथवा तैरने लगे। इसके लिए तुम्हें चाहिए—एक जार, तीन गिलास, थोड़ा सा नमक और तीन अंडे।

इस खेल को दिखाने से पहले गिलासों पर 1, 2 व 3 के निशान लगा लो और यह याद रखो कि कौन से गिलास में कौन सी वस्तु भरी है।

पहले जार में लगभग डेढ़ गिलास पानी लेकर उसमें नमक को उस समय तक घोलते रहो जब तक वह घुलता जाए। पानी में नमक को धीरे-धीरे डालो और घोल को किसी चम्मच वगैरह से हिलाते भी जाओ। जब पानी में और नमक न घुले तब नमक मिलाना बंद कर दो। इस प्रकार तुमने नमक का संतृप्त घोल तैयार कर लिया।

अब गिलास नंबर 1 में नल का पानी भरो। गिलास नंबर 2 को नमक के संतृप्त घोल से आधा भर दो और गिलास नंबर 3 को उसी घोल से पूरा भर लो। फिर पहले गिलास में धीरे से एक अंडा छोड़ो। साथ ही इस प्रकार व्यवहार करो मानो अंडे को 'डूबने की आज्ञा' दे रहे हो। उसके ब़ाद दूसरे गिलास में धीरे से पानी डालकर उसे पूरा भर लो। फिर उस गिलास में धीरे से अंडा छोड़कर उसे घोल में 'अधर में लटके रहने' (न तो तैरने और न ही डूबने) की आज्ञा दो।

सबसे बाद में तीसरे गिलास में अंडा छोड़ते समय उसे आज्ञा दो कि वह घोल में 'तैरता ही रहे, डूबे नहीं।' तुम्हारे साथी यह देखकर चकित हो जाते हैं कि अंडे वही करते हैं जिनके लिए उन्हें आज्ञा दी जाती है, अर्थात् पहले गिलास में अंडा डूब जाता है, दूसरे में न तो पूरी तरह डूबता है और न ही पूरी तरह तैरता है, जबकि तीसरे में वह पूरी तरह तैर जाता है।

इस घटना के पीछे कोई जादू नहीं है, वरन् भौतिकी का एक सिद्धांत है—'यदि किसी ठोस वस्तु को किसी द्रव में डाला जाता है तब वह अपने आयतन के बराबर द्रव को विस्थापित

करती है। अगर इस विस्थापित द्रव का वजन ठोस के वजन से कम है तब वस्तु डूब जाएगी, अगर बराबर है तब द्रव में कहीं भी तैरती रहेगी और यदि अधिक है तब ठोस वस्तु पूर्णरूप से तैरने लगेगी।'

तुम्हें मालूम है कि पहले गिलास में तुमने केवल पानी भरा था। अंडे द्वारा विस्थापित पानी का वजन अंडे से कम था तो अंडा डूब गया। दूसरे गिलास में आधा पानी और आधा नमक का संतृप्त घोल था। उसमें धीरे से अंडे को छोड़ने पर वह उस सतह पर चला गया जहाँ तक पानी था, पर संतृप्त घोल के आते ही वह तैरने लगा (तुमने दूसरे गिलास में दोनों द्रवों को मिलाया नहीं था, इसलिए वे एक-दूसरे के ऊपर स्थिर रहे, आपस में मिले नहीं)।

तीसरे गिलास में नमक का संतृप्त घोल था। अंडे के बराबर आयतन के नमक के घोल का वजन अंडे से अधिक था। अतएव घोल में अंडा तैर गया।

□

31

पानी से चलनेवाला जेट इंजन

आजकल जेट हवाई जहाजों का युग है। अब लगभग सब बड़े वायुयानों में जेट इंजन लगे होते हैं। इससे ये यान अधिक गति से और बिना रुके अधिक दूरी तक जा सकते हैं। इस बारे में विलक्षण बात यह है कि अत्यंत शक्तिशाली होने के बाद भी जेट इंजन बहुत सरल सिद्धांत के अनुसार कार्य करता है। वह न्यूटन के गति के तीसरे नियम के अनुसार कार्य करता है। यह नियम है—'प्रत्येक क्रिया के लिए समान मात्रा में, परंतु विपरीत दिशा में प्रतिक्रिया होती है।'

जेट इंजन में ईंधन (पेट्रोल) के जलने से जो गैसें उत्पन्न होती हैं वे बहुत तेजी से और बड़ी मात्रा में इंजन के पीछे की ओर से बाहर निकलती हैं। उसके परिणामस्वरूप वायुयान आगे बढ़ता है।

अब ऐसा जेट इंजन, जिससे वायुयान चलता है, तो तुम बना नहीं सकते, पर तुम उसी सिद्धांत को सरल मॉडल की मदद से अपने दोस्तों के सामने प्रस्तुत कर सकते हो। इसके लिए तुम्हें चाहिए—टिन का एक डिब्बा, एक नुकीली कील और डिब्बे को लटकाने के लिए थोड़ी सी रस्सी। पानी का नल हर घर में रहता ही है।

पहले नुकीली कील की मदद से टिन के डिब्बे में, तली से कुछ ऊपर, छोटे-छोटे छेद कर लो। फिर हर छेद में कील डालकर उसे थोड़ा सा बाईं ओर मोड़ दो।

डिब्बे के ऊपरी भाग में भी एक-दूसरे के सामने दो छेद कर लो। एक छेद में से रस्सी का एक सिरा डिब्बे के अंदर की ओर निकालकर उसपर इतनी बड़ी गाँठ लगा दो जो छेद में से निकल न पाए। इसी प्रकार रस्सी के दूसरे सिरे पर भी गाँठ लगा दो। तुम जानते हो कि रस्सी को डिब्बे में से इस प्रकार निकालने से, उसकी मदद से डिब्बे को आसानी से लटकाया जा सकता है। रस्सी के ऊपरी भाग में एक फंदा बनाकर उस फंदे में कील घुसा दो। इस कील की मदद से डिब्बे को लटकाना आसान होता है। लो, बन गया मॉडल। अब यह देखें कि यह काम करता है

या नहीं।

इसके लिए टिन के डिब्बे को नल की टोंटी से लटका दो और पानी खोल दो। डिब्बे में पानी भरना आरंभ होते ही वह छेदों में से बाहर गिरने लगेगा। यदि टोंटी को पूरा खोल दिया जाता है तब बाहर निकलने के बावजूद भी डिब्बे में पानी भरने लगेगा और जल्दी ही ऐसी स्थिति आ जाएगी जब डिब्बा पानी से पूरा भर जाएगा और पानी उसके ऊपरी भाग से भी गिरने लगेगा। ऐसी स्थिति आ जाने पर टोंटी को केवल इतना ही खुला रहने दो जिससे पानी डिब्बे के ऊपर से न निकले, परंतु उसके छेदों में से निकलते रहने के बावजूद भी डिब्बा खाली न हो।

ऐसा करने पर तुम देखते हो कि छेदों में से पानी एक दिशा में गिरता है, पर डिब्बा उसकी विपरीत दिशा में घूमने लगता है।

वह उसी तरह कार्य करता है जैसे जेट इंजन।

□

32

पानी स्वयं आग के पास पहुँचे

तुम जानते हो कि अनचाही आग को बुझाने का सबसे अच्छा उपाय है उसपर पानी डाल देना। अनेक कारखानों, विशेष रूप से विस्फोटक पदार्थ बनानेवाले कारखानों, में आमतौर से ऐसी व्यवस्था होती है कि आग लग जाने पर ऊपर लगे नल आदि में लगी सील गरम होकर खुल जाए और पानी अपने आप आग पर गिरने लगे। व्यवहार में यह व्यवस्था काफी जटिल होती है। इसलिए उसका मॉडल बनाने की विधि की बजाय हम तुम्हें एक सरल मॉडल बनाने की तरकीब बताएँगे, यद्यपि यह मॉडल भी आग बुझाने का काम भलीभाँति कर सकता है।

इसके लिए तुम्हें चाहिए—दो गिलास, एक मोमबत्ती और लगभग एक से.मी. चौड़ी व आधा मीटर लंबी काँच की नली, जिसे दोनों सिरों पर थोड़ा सा मोड़ दिया गया हो। माचिस और पानी तो हर घर में रहते ही हैं।

पहले एक गिलास को पानी से लगभग पूरा भर लो। दूसरे गिलास के अंदर मोमबत्ती रखकर उसे कुछ ऊँचाई पर रख दो। फिर दोनों गिलासों के बीच में काँच की नली इस प्रकार रख दो कि उसका एक सिरा एक गिलास के मुँह पर हो और दूसरा सिरा दूसरे गिलास के मुँह पर। पानीवाले गिलास में नली का सिरा पानी में डूबा रहे।

अब गिलास में रखी मोमबत्ती को जला दो। कुछ देर बाद तुम देखते हो कि धीरे-धीरे नली में से पानी दूसरे गिलास में पहुँचकर जलती हुई मोमबत्ती पर गिरकर उसे बुझा देता है। पर मोमबत्ती के बुझ जाने के कुछ देर बाद नली में से पानी आना अपने आप बंद हो जाता है।

मोमबत्ती के जलने से गिलास की हवा गरम हो गई और उसकी काफी मात्रा ऊपर उठ गई। इस प्रकार बने आंशिक निर्वात की पूर्ति के लिए नीचे रखे गिलास में से पानी नली में से होता हुआ वहाँ जा पहुँचा।

एक बार मोमबत्ती बुझ जाने के बाद गिलास में भरी हवा ठंडी हो गई। वह ऊपर उठनी बंद हो गई। इससे गिलास में निर्वात नहीं रहा। फलस्वरूप पानी का आना भी बंद हो गया। □

पानी घुमाए गरारी को

तुम जानते हो कि अनेक स्थानों पर गिरते हुए पानी से बिजली बनाई जाती है। ऐसा करने के लिए गिरते हुए पानी से एक गरारी घुमाई जाती है। इस गरारी से शॉफ्ट द्वारा अन्य गरारियाँ जुड़ी होती हैं। इसलिए इसके घूमने से वे भी घूमने लगती हैं। अंत में इस व्यवस्था से जुड़ी एक विशाल कुंडली भी घूमने लगती है। यह कुंडली एक विशाल चुंबक के क्षेत्र में घूमती है। इसलिए उसके घूमने से बिजली बनती है। इस प्रकार बननेवाली बिजली को 'पनबिजली' (जल विद्युत्) कहते हैं।

तुम पूरे पनबिजलीघर का मॉडल तो नहीं बना सकते, परंतु उस गरारी का मॉडल अवश्य बना सकते हो जिसपर पानी की धार गिरती है। इसके लिए तुम्हें चाहिए—ताश के पुराने पत्ते और एक पेंसिल।

प्रत्येक पत्ते को एक किनारे से लगभग 6 मि.मी. मोड़ लो। फिर दूसरे किनारे से भी उसे इतना ही मोड़ लो।

अब पत्तों के एक किनारे पर मुड़े भागों को आपस में गोंद या पेस्ट से इस प्रकार जोड़ दो कि वे गरारी के दाँतों का रूप अपना लें। यदि तुमने पत्तों को सही प्रकार से जोड़ा है तब वे साथ के चित्र के अनुसार दिखेंगे और जहाँ वे आपस में जुड़े होंगे वहाँ उनके बीच में एक छेद बचा रहेगा। इस छेद में पेंसिल डाल दो। फिर पत्तों की गरारी को नल के नीचे ले जाकर नल खोल दो। इससे पानी की धार पत्तों पर गिरेगी। जिस पत्ते पर धार गिरेगी वह नीचे चला जाएगा और अगला पत्ता धार के नीचे आ जाएगा। वह भी इसी प्रकार नीचे चला जाएगा और तीसरा पत्ता उसका स्थान ले लेगा। इस प्रकार गरारी घूमने लगेगी।

□

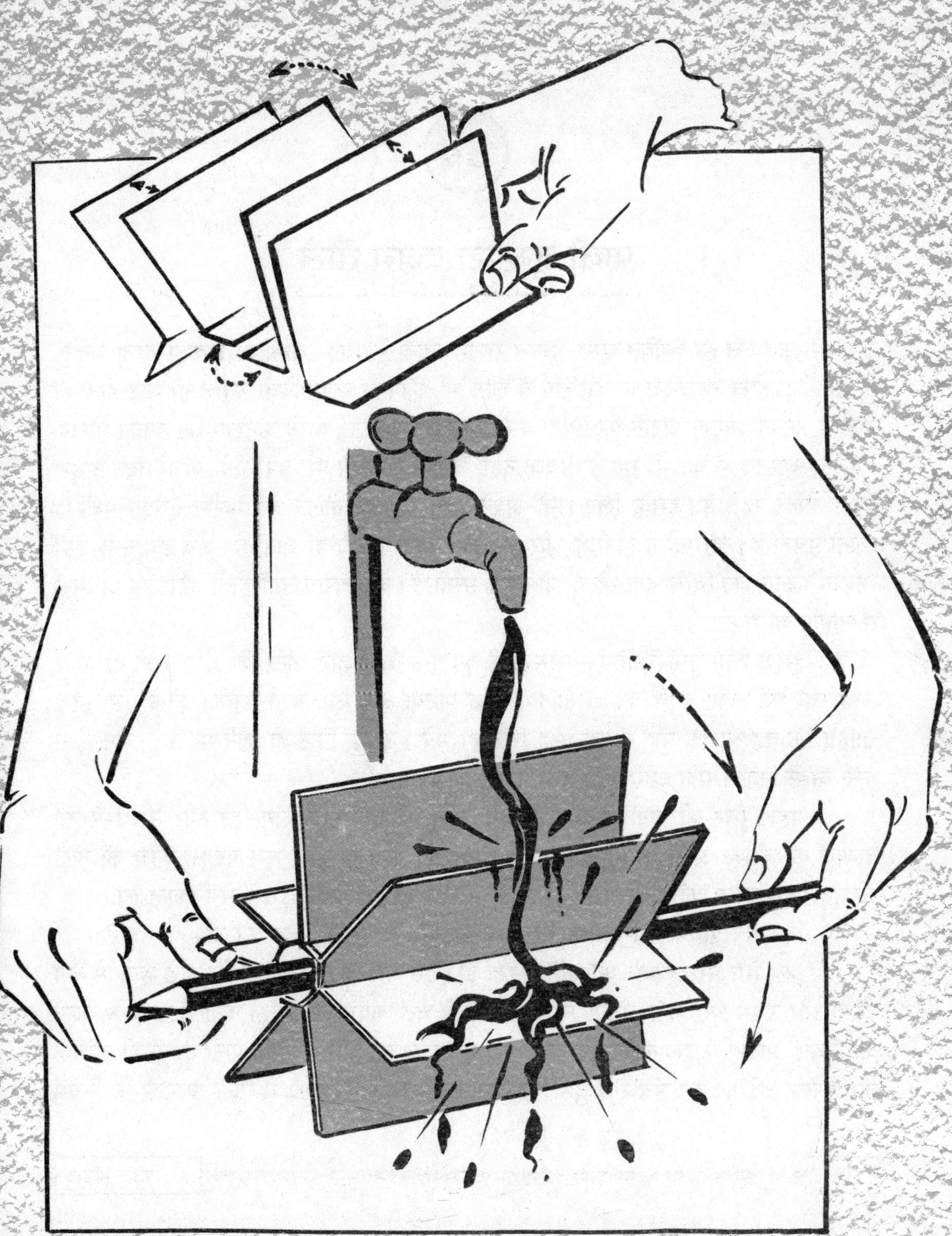

पानी तुम्हारा वजन तौले

आजकल हर व्यक्ति चुस्त-दुरुस्त रहना चाहता है। वह स्वस्थ तो अवश्य रहना चाहता है, पर मोटा होना नहीं चाहता। इसलिए वे लोग भी, जिनकी स्वाभाविक प्रवृत्ति ही मोटे होने की होती है, अपना मोटापा घटाने का प्रयत्न करते रहते हैं। यह ज्ञात करने के लिए कि उनका मोटापा (वजन) वास्तव में घट भी रहा है अथवा नहीं, वे समय-समय पर, हर चौथे-पाँचवें दिन अपना वजन तौलते रहते हैं। इसके लिए उन्हें अपने घरों में वजन तौलने की मशीन (वेइंग मशीन) रखनी पड़ती है। वह महँगी होती है और कई बार जल्दी खराब हो जाती है। अब हम तुम्हें ऐसी 'मशीन' बनाने की विधि बता रहे हैं जो बहुत सस्ती है। वह खराब नहीं होती और उसे आसानी से बनाया जा सकता है।

इसके लिए तुम्हें चाहिए—गरम पानी का एक बैग (हॉट वाटर बैग), लगभग दो मीटर लंबी रबर की नली, काँच की दो नलियाँ, एक पटिया और एक बड़ा कॉर्क। कॉर्क ऐसा होना चाहिए कि वह बैग के मुँह में पूरी तरह फिट हो सके। उसके फिट हो जाने पर न तो बैग में से पानी बाहर निकल सके और न ही हवा उसके अंदर जा सके।

पहले रबर की नली के एक सिरे में काँच की एक नली लगा लो और उस सिरे को दरवाजे की चौखट आदि के सहारे टिका दो। रबर की नली के दूसरे सिरे पर भी काँच की नली लगा दो। इस दूसरी काँच की नली को कॉर्क में से एक छेद करके उसमें से निकाल लो।

फिर बैग को पानी से आधा भरकर उसके मुँह पर कॉर्क फिट कर दो।

अब बैग पर लकड़ी की पटिया रख दो। इस पटिया पर आदमी के खड़े होने से बैग दबेगा और उसमें भरा पानी अंततः रबर की नली में चढ़ जाएगा। रबर की नली में पानी के चढ़ने की ऊँचाई आदमी के वजन के अनुसार होगी। वजन जितना अधिक होगा पानी उतनी ही अधिक ऊँचाई तक चढ़ेगा। इस संबंध में तुम्हें यह बताना जरूरी है कि नली में पानी पास्कल के नियम

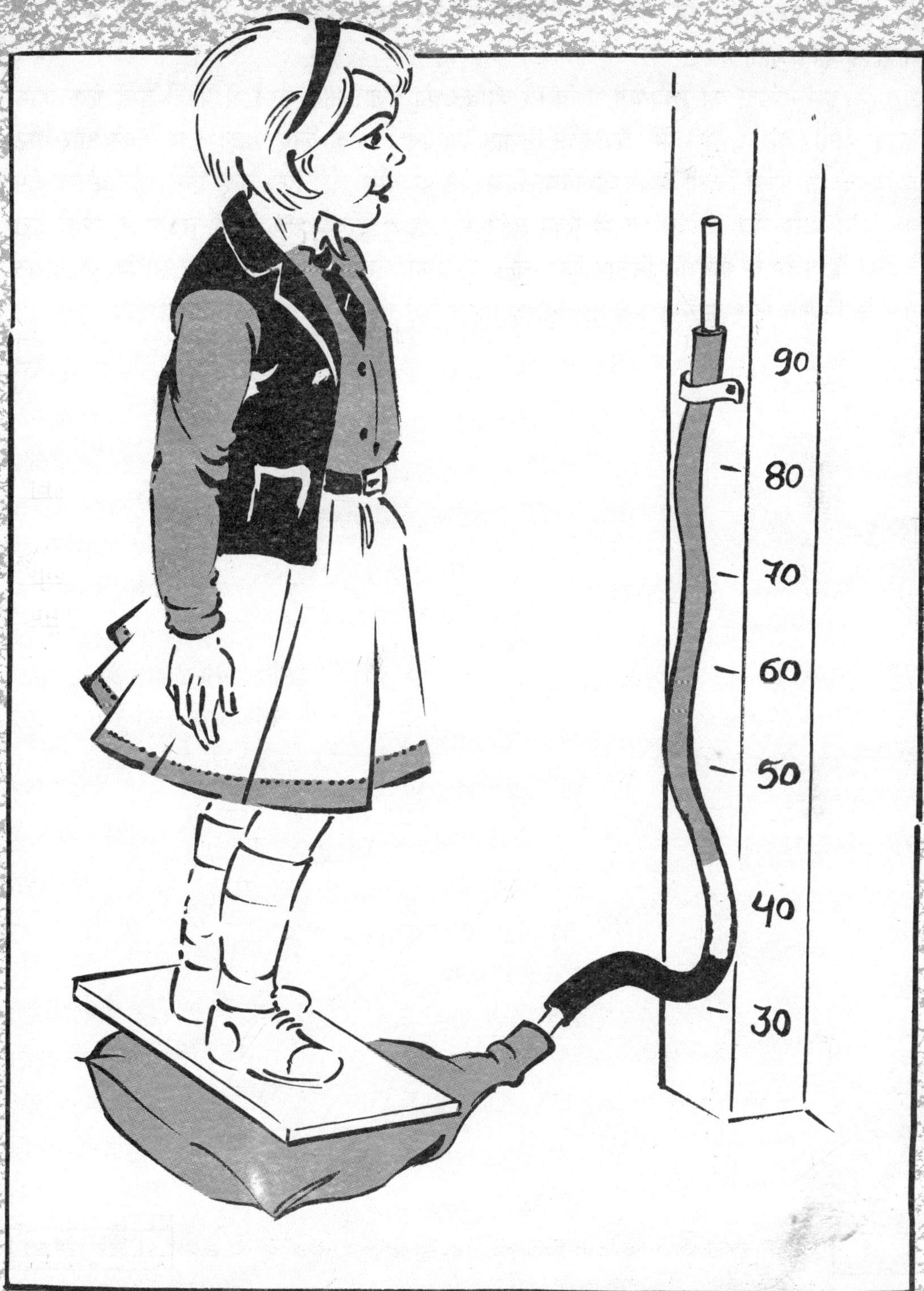
90
80
70
60
50
40
30

के अनुसार चढ़ता है। यह नियम है—'किसी द्रव पर डाला गया दबाव सब दिशाओं में बराबर मात्रा में फैल जाता है।'

इस मॉडल की सहायता से किसी व्यक्ति का वजन ज्ञात करने से पहले तुम्हें एक काम करना होगा। वह है नली पर 'वजन के निशान' लगाना। इसके लिए पहले कुछ पतले और मोटे व्यक्तियों के वजन किसी वजन तौलनेवाली मशीन पर तौल लो। फिर उन्हें एक-एक करके बैग पर खड़ा करो और हर व्यक्ति के लिए नली में जितनी ऊँचाई तक पानी चढ़ता है, वहाँ उस व्यक्ति के वजन के अनुसार निशान लगा लो। इस प्रकार नली पर तीस से लेकर सौ कि.ग्रा. वजन तक के निशान लग जाएँगे। अब तुम किसी भी व्यक्ति का वजन ज्ञात कर सकते हो। □

35

पौधे खनिज कैसे ग्रहण करते हैं

पौधों को जीवित रहने और वृद्धि करने के लिए कुछ लवणों की भी जरूरत होती है। इनमें कम-से-कम दस तत्त्वों के खनिज-लवण शामिल होते हैं। ये तत्त्व हैं—नाइट्रोजन, फास्फोरस, कैल्शियम, पोटैशियम, मैग्नीशियम, लोहा, ताँबा, जस्त, गंधक और बोरोन।

पौधे उपर्युक्त खनिज-लवण अपनी जड़ों द्वारा धरती से प्राप्त करते हैं। जड़ें इन खनिज-लवणों को इनके जलीय घोलों के रूप में ग्रहण करती हैं।

इस बारे में कुछ बालकों को शंका उत्पन्न हो सकती है। जब वायुमंडल में नाइट्रोजन इतनी अधिक मात्रा में (लगभग 80 प्रतिशत भाग) मौजूद है तब पौधे उसे सीधे वायु से ही क्यों नहीं ग्रहण कर लेते। पौधों की शारीरिक संरचना इस प्रकार की होती है कि वे ऐसा नहीं कर सकते। केवल फलीदार (दाल, चना, मूँगफली आदि ही) **लेग्युमिनोसी** कुल के पौधों में ही, उनकी जड़ों की गाँठों में निवास करनेवाले **राइजोबियम** जैसे बैक्टीरियाओं के फलस्वरूप, ऐसी क्षमता होती है कि वे वायुमंडलीय नाइट्रोजन को सीधे अवशोषित करके ग्रहण करने योग्य समुचित यौगिकों में बदल सकें। अन्य कुलों के पौधों में यह क्षमता नहीं होती। इसलिए उन्हें खाद (उर्वरक) में उपस्थित नाइट्रोजनीय लवणों को पानी के घोल में ही ग्रहण करना पड़ता है।

अन्य खनिज-लवणों को तो सब कुलों के पौधों को भी जलीय घोल के रूप में ही लेना पड़ता है।

वे ऐसा किस प्रकार करते हैं—यह एक मॉडल द्वारा दर्शाया जा सकता है।

इसके लिए तुम्हें चाहिए—एक गाजर, चाकू, चीनी, काँच का एक गिलास, तार का एक टुकड़ा और पानी।

पहले चाकू से गाजर के भीतरी भाग में, ऊपर से लगभग तीन से.मी. गहराई तक एक गड्ढा कर लो। इस प्रकार बने छेद के लगभग तीन-चौथाई भाग को चीनी से भर दो। फिर गाजर

के ऊपरी भाग में तार फँसाकर उसे पानी से भरे गिलास में लटका दो। ऐसा करते समय यह सावधानी बरतो कि चीनी में पानी न चला जाए।

गाजर को इस प्रकार लगभग चौबीस घंटे तक लटकी रहने दो। फिर देखो क्या होता है। पानी चीनी तक पहुँच जाता है।

इस मॉडल के लिए गाजर को चुनने का कारण यह है कि गाजर स्वयं एक जड़ है। □

36

प्लास्टिक की गेंद नाचे पानी की धार में

तुम जानते हो कि पृथ्वी का गुरुत्वाकर्षण बल हर वस्तु को नीचे की ओर (पृथ्वी के केंद्र की ओर) खींचता है। पर हम तुम्हें एक ऐसी गेंद के बारे में बताएँगे जिसके बारे में ऐसा प्रतीत होता है कि उसे न तो पृथ्वी का गुरुत्वाकर्षण बल नीचे खींच पाता है और न ही पानी की धार उसे नीचे धकेल पाती है। वह गिरते हुए पानी की धार में नाचती ही रहती है—लगभग उसी प्रकार जैसे नाचने में मगन लड़की न तो माँ की पुकार से नाचना बंद करती है और न सहेलियों के कहने से।

गेंद को इस प्रकार नचाने के लिए तुम्हें प्लास्टिक की गेंद के अतिरिक्त चिपकानेवाला टेप और धागा चाहिए। पानी का नल हर घर में मौजूद होता है। इस काम के लिए टेबल टेनिस की गेंद भी उपयुक्त हो सकती है।

पहले चिपकानेवाले टेप की मदद से गेंद में धागे के एक सिरे को चिपका दो। इस धागे से गेंद को इस प्रकार लटका दो कि वह पानी के नल के नीचे लटकी रहे। अब नल खोल दो। गेंद पानी की धार में घूमती रहेगी। अब अगर तुम धीरे से धागे को खींचकर गेंद को धार के नीचे से हटाने की कोशिश करते हो तो तुम्हें महसूस होता है कि गेंद धार से बाहर निकलना ही नहीं चाहती। उस समय वह गुरुत्वाकर्षण बल के परिणामस्वरूप 'नीचे भी नहीं जाना चाहती'। ऐसा प्रतीत होता है मानो उसपर भौतिकी के नियम लागू ही नहीं हो रहे।

हम तुम्हें बताएँ कि ऐसा प्रतीत भर होता है। वास्तव में गुरुत्वाकर्षण बल गेंद पर हर समय कार्य कर रहा होता है। साथ ही गेंद एक अन्य भौतिक नियम—बरनूली के नियम के अनुसार व्यवहार कर रही है। इस नियम के अनुसार, 'यदि किसी द्रव या गैस की गति बढ़ जाती है तब उस द्रव या गैस के आंतरिक भाग में दबाव घट जाता है।'

इस प्रकार पानी की तेज धार के मध्य में दबाव कम होता, पर उसके इर्दगिर्द की वायु में अपेक्षाकृत काफी अधिक दबाव बन जाता है; यद्यपि उस समय वायु स्थिर होती है। इसलिए धार के इर्दगिर्द की वायु गेंद को धार के बीच की ओर धकेलती रहती है। □

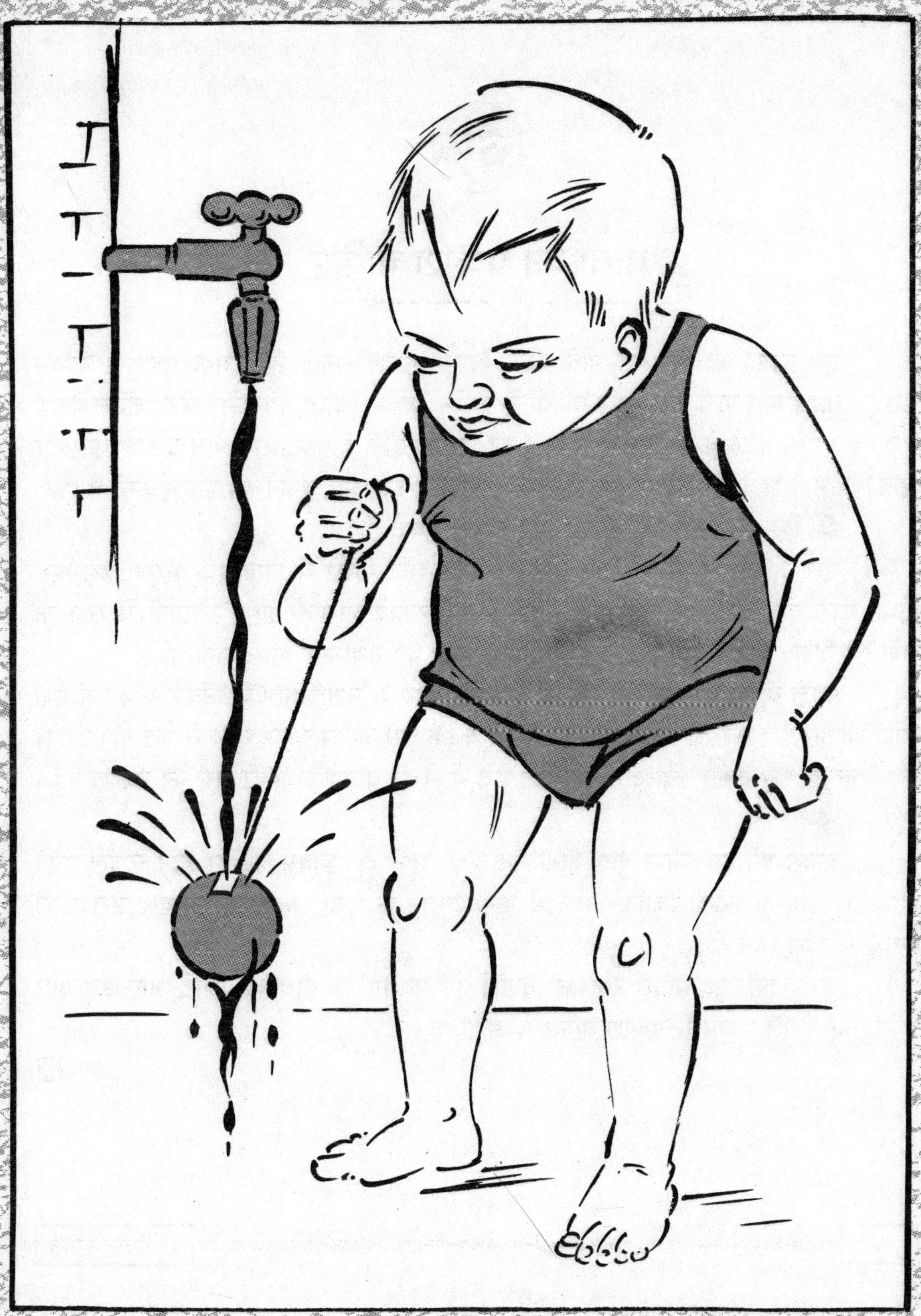

पौधों को प्रकाश चाहिए

तुम जानते हो कि पेड़-पौधे स्वयं अपना भोजन बनाते हैं। इसके लिए वे कार्बन डाइऑक्साइड और पानी जैसे सरल पदार्थों से प्रोटीन, शर्करा, स्टार्च, विटामिन जैसे जटिल पदार्थ बनाते हैं। ऐसा करने के लिए उन्हें प्रकाश की जरूरत होती है। इसीलिए पौधे प्रकाश की ओर आकर्षित होते रहते हैं—जिस दिशा से प्रकाश आता है उस ओर झुकने का प्रयत्न करते हैं।

इस विषय पर तुम एक अच्छा मॉडल बना सकते हो।

ऐसा मॉडल बनाने के लिए तुम्हें चाहिए—छोटे गमले में लगा एक स्वस्थ हरा-भरा पौधा, कार्ड बोर्ड का इतना बड़ा एक बॉक्स जिसमें गमले को पौधे समेत आसानी से रखा जा सके (इसीलिए छोटे गमले में उगा पौधा बेहतर होता है) तथा एक काला कपड़ा।

पहले बॉक्स में गमले को रखकर देख लो। पौधे के ऊपरी भाग के निकट बॉक्स में एक छोटा चौकोर छेद कर लो। अब बॉक्स को बंद करके उसे घर से बाहर खुले में रख दो। उसपर काला कपड़ा इस प्रकार ढक दो कि केवल छेद में से ही बॉक्स के अंदर सूर्य का प्रकाश पहुँच सके।

बॉक्स को इस प्रकार कुछ दिनों तक रखा रहने दो। बॉक्स को हर दिन केवल उतने समय के लिए ही खोलो जितना गमले में पानी डालने के लिए जरूरी हो, अन्यथा उसे काले कपड़े से ढका रहने दो।

कुछ दिनों बाद बॉक्स खोलकर देखो। तुम पाओगे कि पौधे का ऊपरी भाग उस ओर झुका हुआ है जिस ओर से प्रकाश बॉक्स में आता था।

□

38

सम्मोहित सुइयाँ

मेलों, प्रदर्शनियों आदि में बच्चों के लिए कई खेल-तमाशे होते हैं। इनमें ऐसे खेल भी होते हैं जिनमें जीतनेवालों को इनाम भी मिलता है। एक ऐसा ही बहुत प्रचलित खेल है लकड़ी के एक ऐसे वृत्ताकार पटिए पर, जिसपर संकेंद्रित (जिनका एक ही केंद्र होता है) वृत्त खिंचे रहते हैं, तीर फेंकना। अगर तीर, जो धातु का बना होता है, केंद्र में लगकर फँस जाता है तब खेलनेवाले को इनाम मिलता है। पर वास्तव में ऐसा बहुत कम होता है। इसका एक बड़ा कारण यह है कि आमतौर पर तीर पटिए पर लगकर गिर जाता है, फँसता नहीं।

हम तुम्हें यह तो नहीं बताएँगे कि तीर किस प्रकार फेंका जाए जिससे वह केंद्र में लगे, ऐसी विधि हमें भी नहीं मालूम; परंतु हम ऐसी विधि अवश्य बता सकते हैं जिससे तीर पटिए पर लगने के बाद उसमें फँस जाए।

वैसे तुममें से बहुत से बच्चों ने यह आजमाया होगा कि एक मीटर की दूरी से भी फेंकी गई सुई लकड़ी के पटिए पर नहीं फँसती, गिर पड़ती है। सुई फँसाने की एक तरकीब नीचे दी जा रही है। इसके लिए तुम्हें चाहिए—लकड़ी का एक वृत्ताकार पटिया, कपड़े सीने की कुछ मजबूत सुइयाँ और सूती धागे के कुछ टुकड़े।

जैसाकि तुमने ऊपर पढ़ा कि काफी पास से भी खाली सुइयों को (जिसमें धागा नहीं होता) पटिए की ओर फेंकने से वह उसपर फँसती नहीं, पर उसमें धागे के टुकड़े को पिरोकर फेंकने से वह पटिए पर फँसने लगती है।

इसका कारण? सुई में धागे का टुकड़ा पिरो देने से उसमें तीर का गुण आ जाता है और सुई पटिए से समकोण पर टकराती है। इसलिए सुई पटिए में फँस जाती है।

□

39

तेल पर तैरनेवाली मछली

मछली का स्वाभाविक गुण है पानी में तैरना। इस बारे में तुम एकदम कह उठते हो— मछली तो पानी के बिना एक क्षण भी जीवित नहीं रह सकती। वास्तव में मछली पानी के बिना जीवित ही नहीं रह सकती (उड़नेवाली अथवा पेड़ पर चढ़नेवाली मछलियों के अतिरिक्त)। ये मछलियाँ कुछ क्षणों के लिए पानी से बाहर भी जीवित रह सकती हैं।

हम जीवित मछलियों की बात नहीं कर रहे हैं। हम मछली के एक ऐसे मॉडल की चर्चा कर रहे हैं जिसे पानी की सतह के ऊपर छोड़ देने से वह स्वत: ही आगे बढ़ता रहता है। दरअसल वह तैरता नहीं वरन् पानी पर सरकता रहता है। ऐसा मॉडल बनाने के लिए तुम्हें चाहिए—कार्ड बोर्ड का एक टुकड़ा, सरसों जैसे किसी चिकने तेल की कुछ बूँदें तथा एक ड्रॉपर। पानी, चिलमची, कैंची आदि तो घर में रहती ही हैं।

पहले साथ में दर्शाई गई मछली के चित्र के अनुसार कार्ड बोर्ड पर चित्र काट लो। तुम देखते हो कि इस चित्र के बीच में एक छेद है और उससे एक नाली चित्र के अंत (पिछले सिरे) तक जाती है। तुम्हें भी अपने चित्र में इसी प्रकार का छेद और नाली बनानी है। ऐसा करना बहुत जरूरी है, अन्यथा मछली पानी पर सरकेगी नहीं।

अब चिलमची में पानी भरकर उसपर मछली का मॉडल छोड़ दो। ऐसा करते समय इस बात का ध्यान रखना बहुत जरूरी है कि मछली का ऊपरी हिस्सा एकदम सूखा रहे। फिर मछली के बीच में बने छेद में सावधानी से तेल की एक बूँद रख दो। यह काम तुम ड्रॉपर की मदद से कर सकते हो। तेल की बूँद रखने के कुछ क्षणों बाद मछली आगे सरकने लगती है। क्यों? छेद में रखी तेल की बूँद नाली में से होती हुई मछली के आखिरी सिरे से पानी में गिरती है। गिरने के बाद तेल जल्दी ही पानी की सतह पर फैल जाता है; पर हलका होने के कारण वह पानी पर तैरने लगता है, डूबता नहीं। मछली का मॉडल इसी सतह पर सरकता है। □

फ्लास्क के अंदर गुब्बारा घुसाना

लंबी गरदनवाली फ्लास्क के अंदर गुब्बारा घुसाना आसान काम नहीं है। अकसर गुब्बारा गरदन में ही चिपककर रह जाता है। पर ऐसा करने की एक आसान तरकीब भी है। इसके लिए तुम्हें लंबी गरदनवाली फ्लास्क और गुब्बारे के अतिरिक्त फ्लास्क को गरम करने की व्यवस्था तथा थोड़ा सा पानी भी चाहिए।

पहले फ्लास्क में थोड़ा सा पानी भरकर फ्लास्क को गरम होने के लिए रख दो। जब पानी उबलने लगे तब उसे उतारकर जल्दी से उसके मुँह पर गुब्बारा फँसा दो। तुम देखते हो कि कुछ क्षणों बाद ही गुब्बारा अपने आप फ्लास्क के अंदर चला जाता है। ऐसा क्यों होता है ?

फ्लास्क में थोड़ा सा पानी डालकर गरम करने से उसमें भरी हवा गरम होकर बाहर चली जाती है और उसका स्थान भाप ले लेती है। पर उसे स्टोव से नीचे उतारने पर उसके ठंडे हो जाने पर भाप पानी में बदल जाती है। फ्लास्क में हवा का दबाव काफी कम हो जाता है। इसलिए आसपास की अधिक दबाववाली हवा उसके अंदर घुसने की कोशिश करती है। वह केवल मुँह से ही अंदर प्रविष्ट हो सकती है। पर मुँह पर गुब्बारा लगा होता है, इसलिए वह गुब्बारे को फ्लास्क के अंदर धकेलती हुई प्रवेश करती है।

□

अपने से दस गुना वजन उठाओ

पश्चिमी देशों में एक कथा है डेविड और गोलीयथ की। डेविड एक छोटा परंतु बहुत चतुर और बहादुर बच्चा था, जबकि गोलीयथ एक विशालकाय, अत्यंत दुष्ट राक्षस। लोग गोलीयथ के अत्याचारों से बहुत परेशान और दुःखी थे। वे उसे मारना चाहते थे, पर उससे लड़ नहीं पाते थे और स्वयं ही उसके हाथों मारे जाते थे। अंत में बहादुर और चतुर डेविड ने उस विशालकाय दुष्ट राक्षस को मार गिराया—और वह भी बहुत सरल तरकीब से। गोलीयथ को मारने के लिए उसने रस्सी के एक फंदे में नुकीले पत्थर को फँसाया, रस्सी को बहुत जोर से अपने चारों ओर घुमाया और फंदे को एकदम ढीला कर दिया। इससे पत्थर बहुत तेजी से निकला और गोलीयथ को बहुत जोर से लगा। इसी तरह पत्थर मार-मारकर उसने गोलीयथ को बहुत बुरी तरह घायल कर दिया, जिससे अंत में वह मर गया।

डेविड ने अपने शस्त्र को फेंकने के लिए जिस बल का उपयोग किया था उसे भौतिकशास्त्री 'सेंट्रीफ्युगल बल' कहते हैं। इस बल का उपयोग करके हम तुम्हें कोई शस्त्र बनाना तो नहीं सिखाएँगे, परंतु ऐसा मॉडल बनाना जरूर बताएँगे जिसमें एक हलका वजन अपने से दस गुने भारी वजन को उठा सकता है।

इसके लिए तुम्हें चाहिए—लकड़ी की एक चकरी, जिसपर धागा लिपटा रहता है (पर तुम्हें केवल चकरी चाहिए उसपर लिपटा धागा नहीं), लगभग 3/4 मीटर लंबी पतली, पर बहुत मजबूत रस्सी, दो वजन—एक हलका और दूसरा उससे लगभग दस गुना भारी (भारी वजन के स्थान पर तुम धातु की किसी वस्तु या मोटी पुस्तक का भी इस्तेमाल कर सकते हो) तथा थोड़ा सा मजबूत पतला तार।

पहले चकरी के छेद में से पतली रस्सी के एक सिरे को निकाल लो। उसके दूसरे सिरे से मोटी पुस्तक या भारी वजन लटका दो। इसके लिए पहले पुस्तक को पतले तार से अच्छी तरह

बाँधकर उससे रस्सी के सिरे को बाँध दो।

रस्सी के दूसरे सिरे पर हलके वजन को बाँध दो। अब एक हाथ से चकरी और भारी वजन को पकड़कर अपने सिर से ऊपर उठा लो। यह ध्यान रहे कि भारी वजन चकरी से लगभग एक फुट नीचे लटका हो।

फिर उस हाथ को जिसमें चकरी पकड़े हो, जोर से घुमाना शुरू कर दो। इससे हलका वजन भी धरती के समानांतर तेजी से चक्कर काटने लगेगा। तुम जितनी तेजी से हाथ घुमाओगे मॉडल उतने ही बेहतर तरीके से काम करेगा—सेंट्रीफ्युगल बल उतना ही अधिक कार्यरत होगा।

जब हलका वजन तेजी से चक्कर काटने लगेगा तब तुम्हें भारी वजन को पकड़ने की जरूरत नहीं रहेगी। हलका वजन स्वयं भारी वजन को ऊपर उठा लेगा।

□

42

हेलीकॉप्टर का मॉडल

तुम जानते हो कि हेलीकॉप्टर बिना दौड़े एकदम ऊपर उठ जाता है। साथ ही एकदम नीचे उतर आता है। इसकी तुलना में वायुयान को ऊपर उठने से पहले काफी दूर तक बहुत तेज दौड़ना पड़ता है और उतरते समय भी धीरे-धीरे नीचे आना होता है तथा धरती पर पहुँचने के बाद भी काफी दूर तक दौड़ना पड़ता है। पंखों और प्रोपेलरवाला साधारण वायुयान पंखों के उत्थान (लिफ्ट) और प्रोपेलर के खिंचाव के फलस्वरूप उड़ता है। जब तक वह आगे बढ़ता रहता है, उसके पंखों के ऊपर से गति करती हुई वायु उस दाब को कम कर देती है, जो पंखों को नीचे की ओर धकेलता है। उस समय वायुयान को ऊपर की ओर धकेलनेवाले वायुदाब में कोई परिवर्तन नहीं होता। ऊपर की ओर धकेलनेवाले और नीचे की ओर भेजनेवाले दाबों का अंतर ही वायुयान को ऊपर की ओर जाने के लिए प्रेरित करता है।

तुम यह भी जानते हो कि हेलीकॉप्टर में पंख नहीं होते, परंतु उसमें बड़े रोटर होते हैं, जिनमें पवन चक्की के पंखे की भाँति बड़े-बड़े ब्लेड लगे होते हैं। ये रोटर एक ऐसे शॉफ्ट से जुड़े होते हैं जो हेलीकॉप्टर की बॉडी से संलग्न होता है।

हेलीकॉप्टर को चलाने के लिए रोटर के ब्लेडों को तिरछा किया जाता है। दरअसल हेलीकॉप्टर के सब कार्य—ऊपर उठना, घूमना, आगे बढ़ना, पीछे मुड़ना, नीचे उतरना आदि ब्लेडों की स्थितियाँ बदलकर ही किए जाते हैं।

तुम हेलीकॉप्टर तो नहीं बना सकते, परंतु एक ऐसा मॉडल अवश्य बना सकते हो जो हेलीकॉप्टर की भाँति सीधा ऊपर उठ सकता है। इसके लिए तुम्हें पहले 'लांचर' बनाने की जरूरत होगी। लांचर वह युक्ति है जिससे तुम हेलीकॉप्टर की भाँति सीधे ऊपर उठ जानेवाले मॉडल को चलाओगे। इसके लिए तुम्हें चाहिए—लगभग 15 से.मी. लंबी बेलनाकार लकड़ी, लगभग 10 से.मी. लंबी और लगभग 6-7 मि.मी. व्यास की एक गोल डंडी, लकड़ी का 15 ×

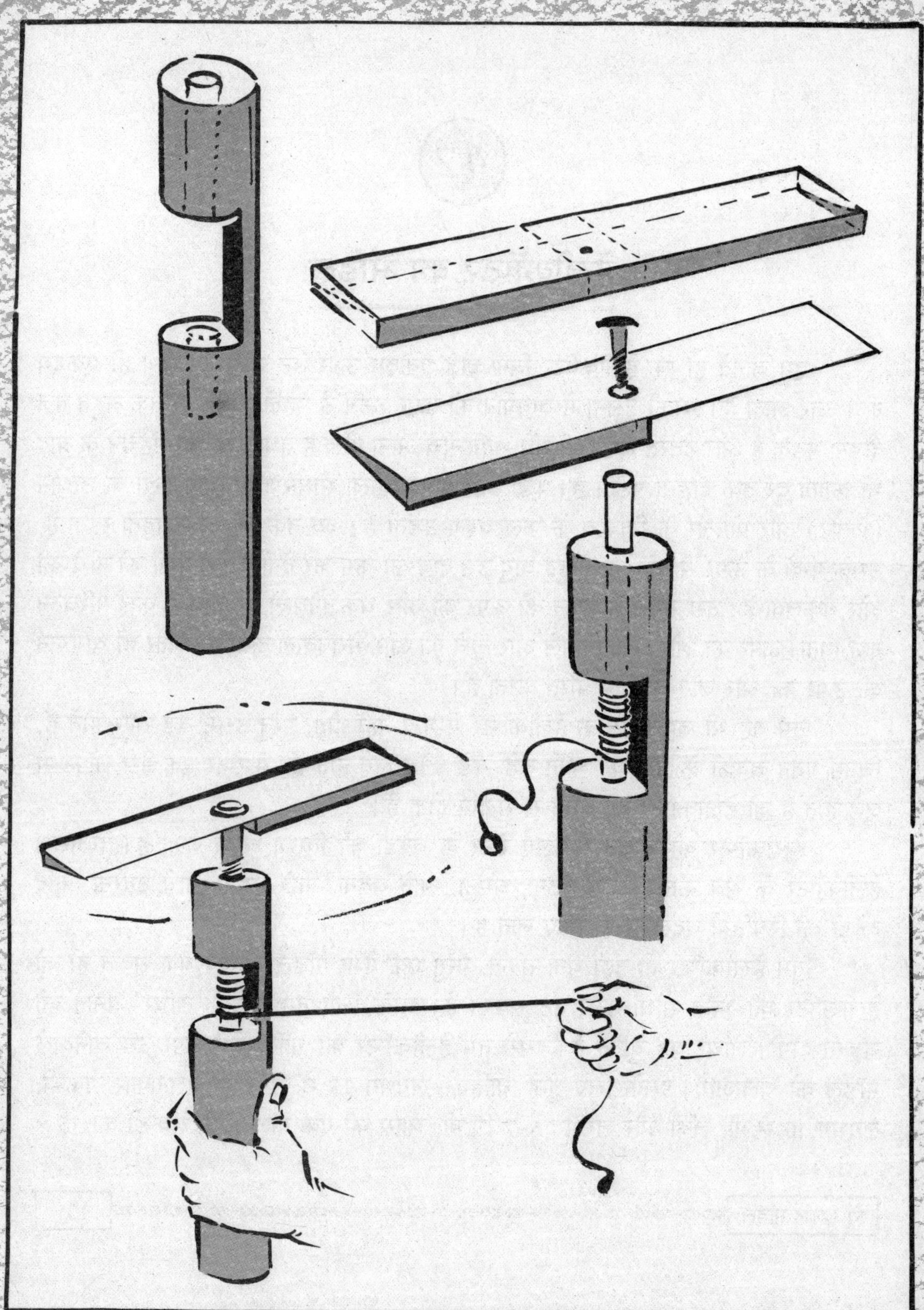

2.5 × 0.6 से.मी. बड़ा एक टुकड़ा और लगभग एक मीटर लंबा पतला धागा।

लांचर बनाने के लिए पहले बेलनाकार लकड़ी में ऊपर से लगभग 4 से.मी. जगह छोड़कर 3 से.मी. बड़ा एक खाँचा बना लो (जैसाकि चित्र में दर्शाया गया है)। इस खाँचे में पतली गोल डंडी को फिट करने के लिए बेलनाकार लकड़ी के ऊपरी सिरे में बरमे (छेद करने का यंत्र) जैसे किसी औजार से इतना गहरा छेद कर लो जो खाँचे तक पहुँच जाए और फिर खाँचे के निचले भाग में भी लगभग 3 से.मी. गहराई तक पहुँच जाए। यह छेद इतना चौड़ा होना चाहिए कि उसमें डंडी आसानी से, बिना किसी रुकावट के आ-जा सके। इस छेद में डंडी रख दो। लो, बन गया लांचर।

अब रोटर बनाना होगा। रोटर बनाने के लिए 15 से.मी. लंबे और लगभग 6 मि.मी. मोटे लकड़ी के पटिए को मेज पर सपाट रख दो। एक सिरे से लगभग 7 से.मी. का टुकड़ा काट लो। इस टुकड़े पर चित्र में दर्शाए अनुसार रोटर की आकृति बना लो। इस आकृति के अनुसार पटिए को काट और छील लो। छीलने का काम तेज चाकू से भी किया जा सकता है। रोटर को सही आकृति देने के लिए किनारों पर रेगमाल आदि करने की जरूरत भी हो सकती है।

इसी प्रकार पटिए के दूसरे टुकड़े से भी एक रोटर बना लो। रोटर को डंडी में फँसाने के लिए रोटर के एकदम मध्य में एक छेद कर लो और उसे डंडी के ऊपरी सिरे पर रखकर स्क्रू से फिट कर दो। रोटर को डंडी के साथ स्क्रू की मदद से ही लगाना चाहिए, न कि कील से। हो सकता है कि कील से कसा गया रोटर उड़े ही नहीं।

रोटर को हेलीकॉप्टर की भाँति ऊपर उड़ाने के लिए लगभग एक मीटर लंबा, पतला परंतु मजबूत धागा लो। उसे खाँचे में डंडी पर लपेट दो। एक हाथ से लांचर को मजबूती से पकड़कर दूसरे हाथ से धागे के एक सिरे को झटके से खींचो। इससे धागे की लपेटें जोर से खुलेंगी, जिससे डंडी तेज घूमेगी और धागा समाप्त होते-होते वह रोटर के साथ ऊपर उड़ जाएगी।

हो सकता है कि ऐसा करने के लिए तुम्हें कुछ अभ्यास करना पड़े। यह भी हो सकता है कि उस छेद को थोड़ा छोटा-बड़ा करना पड़े जिसमें डंडी घूमती है अथवा डंडी को जोर से घुमाने के लिए और लंबा धागा लेना पड़े।

□

43

अपवर्तन दर्शानेवाला बॉक्स

बच्चे आमतौर पर एक खेल खेलते हैं। वे इसे 'जादू' भी कहते हैं। एक काँच के गिलास में पानी भरकर उसमें एक पेंसिल या डंडी रख देते हैं। पेंसिल का ऊपरी भाग गिलास के ऊपरी भाग के एक किनारे पर टिका रहता है और उसकी नोक सामने के किनारे की तली पर टिकी रहती है, यानी पेंसिल टेढ़ी रखी होती है। अब बच्चे अपने साथियों से उस पेंसिल को काँच के गिलास में से देखने के लिए कहते हैं। उन्हें यह पेंसिल 'समूची' न दिखकर 'टूटी हुई' दिखाई देती है। उसका वह भाग, जो पानी से बाहर है, पानी में डूबे भाग से अलग दिखाई देता है।

यह कोई जादू नहीं है। यह एक आम प्राकृतिक घटना है, जिसे भौतिकी के नियमों की मदद से आसानी से समझाया जा सकता है। इस नियम के अनुसार, 'जब प्रकाश की कोई किरण एक माध्यम से दूसरे (अलग घनत्ववाले) माध्यम में जाती है तब वह मुड़ जाती है।' इस मुड़ने को वैज्ञानिक 'अपवर्तन' (रिफ्रेक्शन) कहते हैं।

अपवर्तन के फलस्वरूप ही हमें, बाजू से देखने पर, काँच के गिलास में पानी में पड़ा सिक्का नहीं दिखाई देता, नदी में तली उथली दिखाई देती है, पानी के अंदर तैर रहे व्यक्ति को ऐसा प्रतीत होता है मानो मछली हवा में तैर रही हो (यद्यपि वह पानी में ही तैर रही होती है)। रेगिस्तान की रेत में 'हिलोरें लेते हुए पानी' दिखने का भ्रम हो जाता है (मृगतृष्णा दिखाई देती है) तथा अनेक विचित्र दृश्य दिखाई देते हैं।

अपवर्तन की परिघटना को तुम भी आसानी से देख सकते हो। वैसे तो इस परिघटना को अनेक प्रकार से देखा जा सकता है, पर स्मोक बॉक्स की मदद से ऐसा करना आसान होता है।

स्मोक बॉक्स के लिए लगभग 60 × 30 × 30 से.मी. बड़ा लकड़ी का बॉक्स उपयुक्त होता है। उसके ऊपरी भाग में लकड़ी को हटाकर काँच लगा दिया जाता है। उसकी एक चौड़ी बाजू पर लकड़ी हटाकर काला कपड़ा लगा दिया जाता है और उसके सामनेवाली (चौड़ी) बाजू

के मध्य में 2 × 2 से.मी. का एक छेद कर दिया जाता है।

अपना मॉडल बनाने के लिए तुम्हें स्मोक बॉक्स के अतिरिक्त चाहिए—काँच की एक ऐसी चौकोर बोतल जो बॉक्स में समा सके, एक टॉर्च, पानी, थोड़ा सा दूध और धूपबत्ती (जो पूजा के समय जलाई जाती है)।

पहले स्मोक बॉक्स की काँच की छत तथा एक लंबी बाजू हटाकर बोतल को पानी से भरकर और उसमें कुछ बूँदें दूध की डालकर बॉक्स के अंदर, छेद के सामनेवाली बाजू के निकट, रख दो। बोतल के पास ही धूपबत्ती रखकर जला दो, जिससे बॉक्स में धुआँ हो सके। फिर काँच की 'छत' रख दो।

अब छेद के सामने जलती हुई टॉर्च रखो। बॉक्स में धुआँ होने और बोतल के पानी के हलका सा दूधिया होने के कारण टॉर्च की रोशनी स्पष्ट रूप से दिख सकेगी।

तुम देखते हो कि टॉर्च की रोशनी बोतल में से गुजरते समय मुड़ जाती है।

☐

44

पाइप नहीं, धागे का इस्तेमाल करो

पानी को एक स्थान से दूसरे स्थान तक, विशेष रूप से जब दूसरा स्थान दूर होता है तब, ले जाने के लिए पाइपों (नलों) का इस्तेमाल किया जाता है। ये पाइप लोहे (कभी-कभी किसी अन्य धातु के भी) या प्लास्टिक अथवा रबर के होते हैं। पर यदि तुम चाहो तो कुछ दूरी तक पानी सूती या ऊनी धागों की मदद से भी ले जाया जा सकता है। पर ऐसा केवल कुछ मीटर की ही दूरी तक सफलतापूर्वक किया जा सकता है।

इसके लिए तुम्हें चाहिए—दो गिलास और काफी बड़ा सूती या ऊनी धागा। इस मॉडल की मदद से पानी को ले जाना है, इसलिए पानी तो चाहिए ही।

एक गिलास को कुछ ऊँचाई पर रखो और दूसरे गिलास को नीचे। धागे के एक सिरे को ऊपर रखे गिलास में डाल दो और दूसरे सिरे को निचले गिलास में। पहले सिरे का गिलास की तली तक पहुँचना जरूरी है। यदि तुम्हारा धागा बहुत पतला है तब उसके तीन-चार टुकड़े करके उन्हें आपस में बँट लो।

अब ऊपरवाले गिलास को पानी से भर दो। तुम देखोगे कि पानी धागे में से होता हुआ धीरे-धीरे, बूँद-बूँद करके निचले गिलास में आ जाता है।

इस मॉडल का उपयोग तुम पौधों को सींचने के लिए कर सकते हो, विशेष रूप से उस समय जब कुछ दिनों के लिए तुम्हें घर से बाहर जाना जरूरी होता है। साथ ही तुम यह चाहते हो कि तुम्हारी अनुपस्थिति में भी तुम्हारे पौधे प्यासे न रहें। इसके लिए तुम पौधे के पास, किसी ऊँचे स्थान पर पानी से भरी एक बालटी रख दो और किसी सूती कपड़े के एक सिरे को उसमें तली तक डुबोकर दूसरे सिरे को पौधे की जड़ों के पास डाल दो। इससे धीरे-धीरे पानी पौधे की जड़ों तक पहुँचता रहेगा।

धागे या कपड़े की मदद से पानी ऊपर से नीचे कैसे आ जाता है? ऐसा केशिका क्रियां

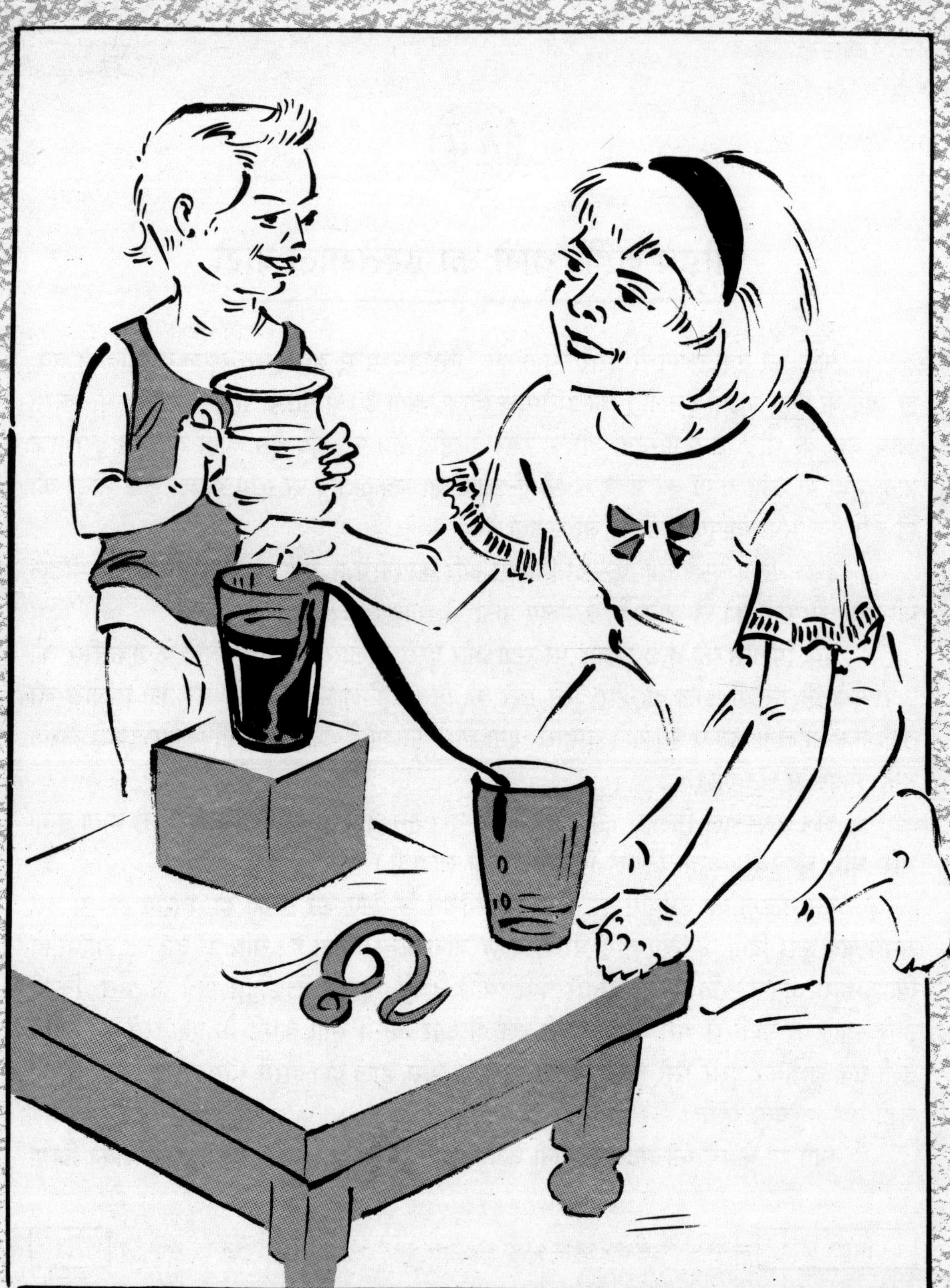

के फलस्वरूप होता है। केशिका क्रिया को भलीभाँति समझने के लिए बहुत बारीक छेदवाली काँच की नली (केशिका नली—कैपिलरी ट्यूब) को पानी में डुबोकर उसकी क्रिया को ध्यान से देखो। उस नली में पानी कुछ दूरी तक चढ़ जाता है। तुम यह भी नोट करोगे कि पानी नली के बीच के भाग में कम ऊँचाई तक चढ़ता है, परंतु नली की दीवारों के साथ अधिक। नली में पानी के चढ़ने का कारण है पानी के अणुओं और काँच के (काँच के घटकों के) अणुओं का पारस्परिक आकर्षण।

इस बारे में यह उल्लेखनीय है कि नली का छिद्र जितना बारीक होगा पानी उतनी ही अधिक ऊँचाई तक चढ़ जाएगा। सूत या ऊन के रेशे सूक्ष्म केशिका नलियों की भाँति व्यवहार करते हैं।

प्रकृति केशिका क्रिया का बहुत बढ़िया उपयोग करती है। पेड़-पौधों की जड़ों की बारीक शाखाएँ केशिका नलियों की भाँति कार्य करके धरती से पानी (उसमें घुले पोषक तत्त्वों को) ग्रहण करती हैं।

केशिका क्रिया के फलस्वरूप ही लालटेन की बत्ती तेल को ऊपर पहुँचाती है, ब्लाटिंग पेपर स्याही सोखता है और तौलिया हमारे शरीर का पानी।

□

पिन होल कैमरा

तुममें से बहुत से बच्चों को यह जानकर आश्चर्य होगा कि वास्तव में हमारी आँखों में वस्तुओं के प्रतिबिंब उलटे बनते हैं अर्थात् हमारी आँखें किसी वस्तु, व्यक्ति के सिर को नीचे की ओर देखती हैं और पैरों को ऊपर की ओर। पर हमारा मस्तिष्क इस प्रतिबिंब को एकदम सीधा कर लेता है, यानी सिर ऊपर की ओर और पैर नीचे की ओर कर लेता है।

पिन होल कैमरे यानी सबसे सरल और सस्ते कैमरे में भी ऐसा ही होता है। पिन होल कैमरा बनाना काफी आसान है और उसमें फोटोग्राफी फिल्म तथा शटर लगा देने से फोटो भी खींची जा सकती है।

पिन होल कैमरा बनाने के लिए तुम्हें चाहिए—कार्ड बोर्ड का एक बॉक्स (जूते का बॉक्स इस काम के लिए उपयुक्त होता है), एल्यूमीनियम फायल, चिपकानेवाला (एडहेसिव) टेप, ट्रेसिंग पेपर, स्टिकिंग प्लास्टर, एक पिन, काला कपड़ा और कैंची।

बॉक्स पर से उसका ढक्कन हटा दो और उसके एक चौड़े सिरे को काट लो। उसके सामनेवाले सिरे के मध्य में 2 × 2 से.मी. का एक चौकोर छेद कर लो। उस छेद को पूरी तरह ढकने के लिए एल्यूमीनियम फायल में से एक टुकड़ा काट लो और टेप की मदद से उसे छेद पर चिपका दो।

अब यह देखो कि बॉक्स में कहीं और कोई दरार या छेद तो नहीं रह गया है। अगर कोई छेद या दरार मिल जाए तो उसे स्टिकिंग प्लास्टर से बंद कर दो।

बॉक्स के खुले सिरे पर ट्रेसिंग पेपर चिपका दो। फिर बॉक्स पर ढक्कन रख दो और चिपकानेवाला टेप इस प्रकार लपेट दो जिससे बॉक्स के अंदर कहीं से भी प्रकाश प्रवेश न कर सके।

एल्यूमीनियम फायल के बीच में पिन से एक बारीक छेद कर दो। लो, बन गया पिन

होल कैमरा।

यह जानने के लिए कि इसमें से वस्तु कैसे दिखती है—बारीक छेद (पिन होल) को खिड़की की ओर कर दो और ट्रेसिंग पेपर में से वस्तु को देखो। पर इससे पहले अपने सिर और चेहरे पर भी काला कपड़ा ढक लो। इससे प्रकाश ट्रेसिंग पेपर में से भी अंदर नहीं आ पाएगा।

निश्चय ही कैमरे में तुम्हें वस्तु का उलटा प्रतिबिंब दिखाई देगा।

□

46

अपना टेलीग्राफ उपकरण बनाओ

आजकल जब तुम्हें दूर किसी शहर में रहनेवाले अपने रिश्तेदार या दोस्त को शीघ्र ही कोई संदेश भेजना होता है तब तुम उसे फोन कर देते हो; परंतु अब भी ऐसे लोगों की संख्या काफी है जिनके घर टेलीफोन नहीं हैं। वे शीघ्र संदेश तार (टेलीग्राफ) द्वारा भेजते हैं (टेलीफोन व्यवस्था में इतना सुधार हो जाने से पहले आमतौर पर तार का ही उपयोग किया जाता था)। तार देश के एक कोने से दूसरे कोने तक कुछ घंटों में ही पहुँच जाता है। इसमें वह समय भी शामिल होता है जो तारघर के किसी कर्मचारी को संदेश (तार) तारघर से प्राप्तकर्ता के घर तक पहुँचाने में लगता है। विचित्र प्रतीत होते हुए भी यह सच है कि यह समय स्वयं संदेश के सैकड़ों, हजारों किलोमीटर दूर पहुँचने में लगनेवाले समय से कहीं अधिक होता है। वास्तव में संदेश को गंतव्य स्थान तक पहुँचने में तो कुछ सेकंड ही लगते हैं।

तार से संदेश भेजने के लिए एक विशेष कोड—मॉर्स कोड—का उपयोग किया जाता है और संदेश को बोलकर अथवा लिखकर नहीं, एक छोटी सी सरल मशीन द्वारा मॉर्स कोड में भेजा जाता है। इस मशीन का आविष्कार आज से डेढ़ सौ वर्ष पूर्व ही हो गया था। यह मशीन विद्युत्चुंबकीय सिद्धांत पर कार्य करती है, पर इसका मॉडल बनाना काफी आसान है। इसके लिए तुम्हें चाहिए लकड़ी के कुछ पटिए, जो लगभग दस से.मी. लंबे, पाँच से.मी. चौड़े और तीन से.मी. मोटे हों, लोहे के कुछ पेच और कीलें, लोहे के पतले दो आरी-ब्लेड जो लगभग आठ से.मी. लंबे हों (हार्डवेयर की दुकान पर इस प्रकार के ब्लेड आसानी से मिल जाते हैं), लगभग दो मीटर पतला प्लास्टिक चढ़ा बिजली का तार, लोहे के दो बड़े कब्जे और दो सूखे सेल।

पहले एक आरी-ब्लेड से 'की' बना लो। इसके लिए तुम्हें ब्लेड का एक छोटा टुकड़ा चाहिए। अगर तुम्हारे पास वह नहीं है तब तुम किसी बड़े आदमी (वयस्क) से ब्लेड को तुड़वा

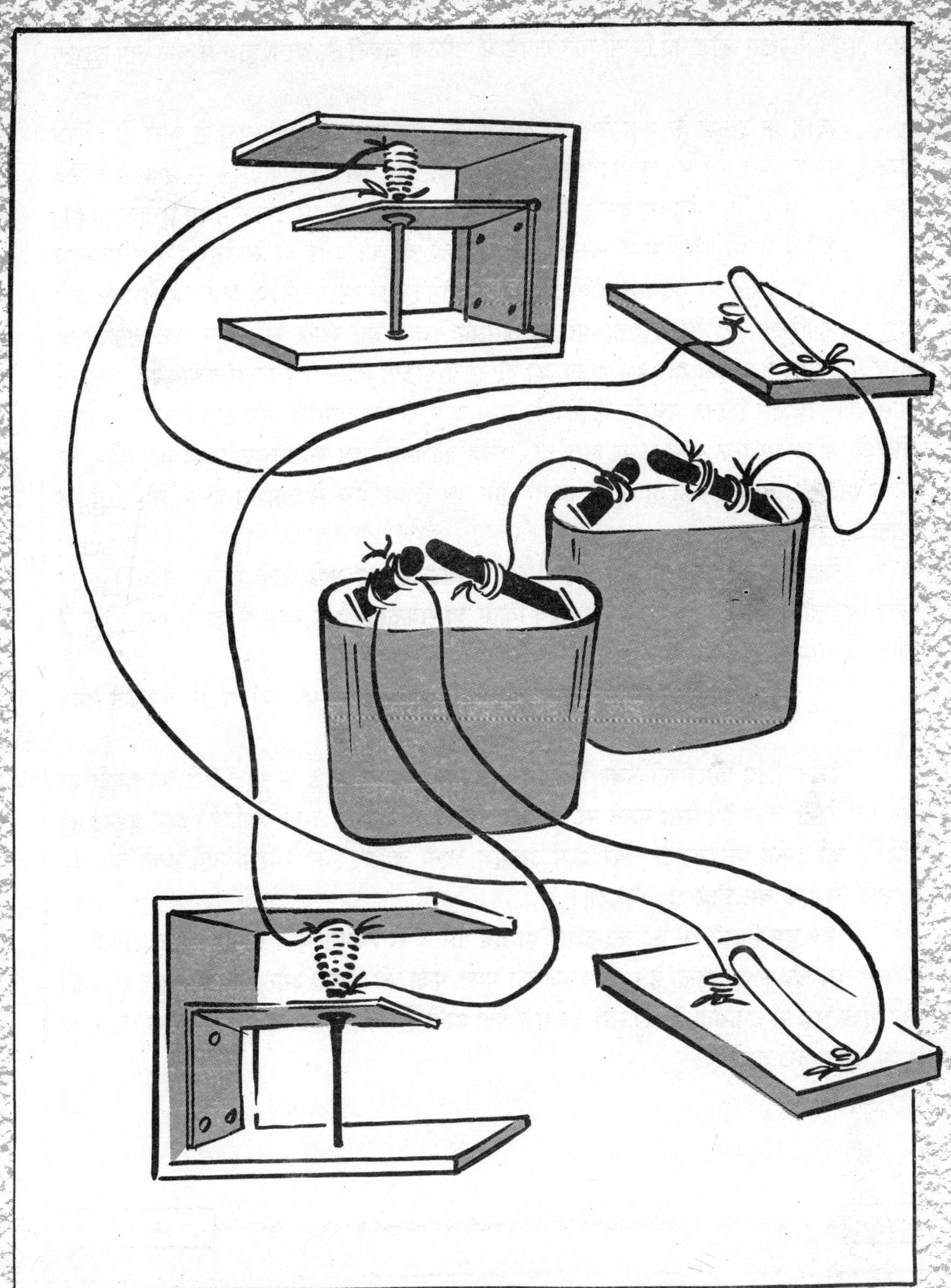

लो। तोड़ने के लिए ब्लेड को किसी मोटे कपड़े में लपेटना जरूरी है, वरना हाथ में चोट लग सकती है।

ब्लेड के टुकड़े के एक सिरे को लकड़ी के एक पटिए पर एक पेच से कस दो (चित्र देखो), पर पेच को पूरा मत कसो। पटिए पर ब्लेड के दूसरे सिरे के एकदम पास एक अन्य पेच इस प्रकार कस दो कि ब्लेड का दूसरा सिरा उससे कसा हुआ न हो, पर उसे लगभग छूता हुआ हो।

संदेश भेजने और प्राप्त करने के लिए तुम्हें दो की और दो साउंडर (वह उपकरण जिसमें की के दबाने पर आवाज होती है) बनाने होंगे। साउंडर बनाने के लिए पहले एक लंबे पेच पर प्लास्टिक चढ़े बिजली के तार को लगभग पचास बार लपेट लो। फिर एक लकड़ी के दूसरे पटिए पर पेच कस दो। इस पटिए को दो अन्य पटियों के साथ चित्र में दर्शाए गए अनुसार कस दो। अब तार लिपटे पेच के नीचे एक अन्य बड़ा कब्जा लगाओ और उसे टिकाने के लिए नीचे के पटिए पर एक बड़ी कील लगा दो। कब्जे की एक भुजा का निचला भाग उस कील पर टिका होता है, जबकि उसी भुजा का ऊपरी भाग तार लिपटे पेच से लगभग दो मि.मी. नीचे रह जाता है।

यह सब कर लेने के बाद बारी आती है साउंडरों को सूखे सेलों में जोड़ने की। इसके लिए बिजली के तार के टुकड़ों का उपयोग किया जा सकता है और चित्र में दर्शाए गए तरीके से जोड़ा जा सकता है।

लो, बन गया तार भेजने और प्राप्त करने की व्यवस्था का मॉडल। पर इसे परखना बहुत जरूरी है।

इसके लिए पहले की नंबर 1 को दबाओ। उसमें लगे ब्लेड के खुले सिरे को दबाने पर वह पेच से छू जाता है। ऐसा करने पर साउंडर नंबर 2 में आवाज आनी चाहिए। इसी प्रकार की नंबर 2 को दबाने पर साउंडर नंबर 1 में आवाज आनी चाहिए। अगर ऐसा नहीं होता तब सब संपर्कों को एक बार फिर से जाँच लो।

जब तुम किसी भी की को दबाते हो तब तार में से विद्युत् धारा प्रवाहित होने लगती है, जिससे पेच चुंबक बन जाता है। वह कब्जे की मुक्त भुजा को अपनी ओर आकर्षित कर लेता है। वह भुजा पेच से टकराती है, जिससे आवाज पैदा होती है। की को छोड़ देने से कब्जे की मुक्त भुजा वापस आ जाती है।

□

पर्वतों की ऊँचाई मापनेवाली युक्ति : थियोडोलाइट

तुममें से कुछ बच्चे यह नहीं समझ पाते कि पर्वतों की ऊँचाई कैसे ज्ञात की जाती है। वैसे कुछ लोगों को यह भी भ्रम है कि ऊँचाई मालूम करने के लिए पर्वतों पर चढ़ना पड़ता है। वास्तव में ऊँचाई मापने के लिए पर्वतों पर चढ़ना जरूरी नहीं है। तुम्हें यह जानकर शायद आश्चर्य हो कि माउंट एवरेस्ट की ऊँचाई भारतीय सर्वेक्षण विभाग के एक कर्मचारी राधानाथ सिकदर ने सन् 1852 में ही ज्ञात कर ली थी, जबकि एवरेस्ट पर चढ़ने में पहली बार सफलता मिली 1953 में।

पर्वतों या इमारतों आदि की ऊँचाई ज्ञात करने के लिए आमतौर से थियोडोलाइट नामक युक्ति का इस्तेमाल किया जाता है। वह थियोडोलाइट, जिसका उपयोग वैज्ञानिक करते हैं, काफी जटिल युक्ति होती है; परंतु तुम पेड़ अथवा बिजली के खंभे जैसी वस्तुओं की ऊँचाई ज्ञात कर सकने योग्य थियोडोलाइट के एक आसान मॉडल का निर्माण अवश्य कर सकते हो।

थियोडोलाइट का आसान मॉडल बनाने के लिए तुम्हें चाहिए—मोटे कार्ड बोर्ड का 15 × 15 से.मी. आकार का एक वर्गाकार टुकड़ा, एक स्ट्रा, चिपकानेवाला टेप, धागा, एक छोटा स्क्रू और नापने का एक फीता (मेजरिंग टेप)।

पहले कार्ड बोर्ड के वर्गाकार टुकड़े पर आमने-सामने के कोणों को मिलानेवाली एक रेखा खींच लो। यह रेखा वर्ग की कर्ण (डायगोनल) होगी और वर्ग को दो बराबर त्रिभुजाकार हिस्सों में बाँट देगी। इस रेखा पर से कार्ड बोर्ड को काट लो। फिर एक त्रिभुजाकार टुकड़ा लेकर उसकी सबसे बड़ी भुजा के साथ-साथ स्ट्रा को टेप से चिपका दो।

लगभग पच्चीस से.मी. लंबा धागा लेकर उसके एक सिरे पर स्क्रू को बाँध दो। धागे के दूसरे सिरे को स्ट्रा के ऊपरी सिरे के नीचे टेप से चिपका दो। इससे धागा कार्ड बोर्ड के टुकड़े की एक भुजा के साथ नीचे लटक जाएगा।

बन गया थियोडोलाइड का मॉडल।

अब इससे किसी खंभे या वृक्ष की ऊँचाई ज्ञात करने की कोशिश करें। इसके लिए थियोडोलाइट को अपनी आँख की ऊँचाई तक ले जाओ। उसको इस प्रकार पकड़ो कि धागा कार्ड बोर्ड की एक भुजा के साथ एकदम सीधा लटक सके। वह सामने की ओर भी लटक सकता है और बाजू की ओर भी।

फिर धागे को सीधा रखते हुए स्ट्रा में से खंभे के सबसे ऊपरी बिंदुओं को देखने की कोशिश करो। हो सकता है कि ऐसा करने के लिए तुम्हें अपने स्थान से कुछ आगे आना पड़े या पीछे हटना पड़े। पर खंभे के शीर्ष को देखना बहुत जरूरी है।

ऐसा हो जाने पर एक काल्पनिक रेखा खंभे के शीर्ष को तुम्हारी आँख से जोड़ती है और दूसरी काल्पनिक रेखा तुम्हारे पैरों को खंभे के आधार (सबसे निचले बिंदु) से जोड़ती है। इन रेखाओं द्वारा बनाए गए कोण वही होते हैं जो तुम्हारे थियोडोलाइड के हैं। इसलिए तुम्हें मापने की जरूरत नहीं होगी।

अब तुम्हें केवल दो काम करने हैं। पहला—जिस स्थान पर तुम खड़े थे उससे खंभे के आधार की दूरी सही-सही माप लेना और दूसरा अपनी सही ऊँचाई मापना। इन दोनों का योग ही खंभे की ऊँचाई होगी।

मान लो, तुम्हारी खंभे से दूरी 10 मीटर है और तुम्हारी ऊँचाई 1.70 मीटर है तब खंभे की ऊँचाई 10 + 1.7 = 11.70 मीटर होगी।

□

गैस में अणुओं की गतिविधि दर्शानेवाली युक्ति

किसी भी गैस में अणु सदैव गतिमान रहते हैं। जब गैस को गरम किया जाता है तब इन अणुओं की गति बढ़ जाती है। इन अणुओं की गतिविधि को दर्शानेवाला एक मनोरंजक मॉडल आसानी से बनाया जा सकता है। इसके लिए तुम्हें चाहिए—काँच का एक ऐसा बरतन जिसकी तली में जाली लगी हो, टेबल टेनिस की कुछ हलकी गेंदें (इनके स्थान पर प्लास्टिक की छोटी-छोटी रंग-बिरंगी गेंदें भी ली जा सकती हैं) और एक टेबल फैन। काँच के बरतन की जगह प्लास्टिक अथवा कागज को मोड़कर बेलनाकार पात्र बनाना और उसकी तली में चिपकानेवाले टेप की मदद से जाली लगाना काफी आसान हो सकता है; परंतु उस दशा में तुम्हें प्लास्टिक की गेंदों की गति साफ दिखाई नहीं देगी।

टेबल फैन ऐसा होना चाहिए जिसकी गति को इच्छानुसार धीमा या तेज किया जा सके।

पहले बेलनाकार पात्र में कुछ गेंदें डाल लो। उसे दीवार वगैरह के साथ इतने ऊपर टाँक दो जिससे उसकी तली के नीचे टेबल फैन रखा जा सके। अब पंखा चालू कर दो। पहले उसे धीमी गति से चलाओ। पंखा चालू होते ही प्लास्टिक की गेंदें उछलने लगेंगी। फिर पंखे की गति को तेज कर दो। इससे गेंदों के उछलने की गति भी तेज हो जाएगी।

इस मॉडल से सही प्रकार कार्य कराने के लिए पंखे को इस प्रकार चलाना होगा जिससे गेंदें नाचती रहें। वे बार-बार ऊपर उठें और नीचे गिरें तथा पंखे की गति तेज कर देने पर उनके नाचने की गति भी तेज हो जाए।

यहाँ एक बात बता देना उपयुक्त होगा कि गैस के अणुओं की संख्या एक ग्राम गैस में भी सामान्य ताप और दाब यानी 0° से. और 760 मि.मी. दाब पर भी बहुत अधिक यानी कई खरब होती है और वे कहीं अधिक गति से नाचते हैं। इसलिए गैस में अणुओं की गतिविधि दर्शानेवाला यह बहुत क्रूड मॉडल है। □

वायु की हलचल दर्शानेवाली युक्ति

अनेक बार तुम्हें कमरे में बहुत उमस लगती है। यदि ऐसे समय में बिजली भी गुल हो जाती है—पंखा नहीं चलता—तब तो उमस की पराकाष्ठा हो जाती है। उस समय ऐसा लगता है मानो हवा ने बहना एकदम बंद कर दिया हो। पर हवा तो हमेशा ही बहती रहती है। वह ऐसे समय भी बह रही है अथवा नहीं, इसको परखने के लिए एक आसान और सस्ता मॉडल बनाया जा सकता है।

इसको बनाने के लिए चाहिए—दो स्ट्रा, दो कार्ड जिनमें से प्रत्येक लगभग आठ से.मी. लंबा और पाँच से.मी. चौड़ा हो, लकड़ी का एक स्टैंड (जैसा चित्र में दिखाया गया है), एक रेजर ब्लेड, चिपकानेवाला टेप और दो ऑलपिन।

पहले दोनों स्ट्रा के एक-एक सिरों को ब्लेड से थोड़ा-थोड़ा चीर लो। उनके बीच में कार्ड फँसा दो और उन्हें चिपकानेवाले टेप से स्ट्रा के साथ चिपका दो। अब स्ट्रा का संतुलन बिंदु मालूम करो (संतुलन बिंदु वह स्थल होता है जहाँ पिन पर टिका देने से भी स्ट्रा संतुलित हो जाता है। यह जरूरी नहीं कि वह स्ट्रा के ठीक मध्य में ही हो)। स्ट्रा में इन संतुलन बिंदुओं पर एक-एक पिन घुसा दो। पिन को कई बार घुमा-फिरा लो, जिससे वह छेद जिसमें पिन घुसी हुई है, थोड़ा बड़ा हो जाए और पिन तथा स्ट्रा के बीच कम-से-कम घर्षण हो। फिर पिनों और पिन के नुकीले सिरों को स्टैंड के साथ, चित्र में दिखाए गए तरीके से घुसा दो। बन गई एक अत्यंत संवेदनशील युक्ति।

यह युक्ति उमस भरे कमरे में भी हवा की हलचल को दर्शा सकती है। इसके स्टैंड को कमरे में कहीं भी रखा जा सकता है।

□

नीचे उतरता धुआँ

तुम जानते हो कि धुआँ ऊपर की ओर उठता है। लकड़ी, कोयले आदि के अपूर्ण रूप से जलने के फलस्वरूप बननेवाले धुएँ में मुख्य रूप से कार्बन मोनोऑक्साइड जैसी गैसें, जल वाष्प और कार्बन के बारीक कण होते हैं।

कार्बन मोनोऑक्साइड गैस और जल वाष्प हवा से हलकी होती हैं, इसलिए वे ऊपर उठती हैं और ऊपर उठने के दौरान वे अपने साथ कार्बन के बारीक कणों को भी ले जाती हैं। आमतौर पर धुआँ उस समय पैदा होता है जब कोई वस्तु पूरी तरह जल नहीं पाती, उसे पर्याप्त मात्रा में हवा (ऑक्सीजन) नहीं मिल पाती। वस्तुओं के इस प्रकार जलने के मुख्य रूप से कार्बन मोनोऑक्साइड बनती है, कार्बन डाइऑक्साइड नहीं।

पर कभी-कभी धुआँ ऊपर उठने की बजाय नीचे की ओर उतरता है (चाहे वह फिर ऊपर उठ जाए)। इस प्रकार के तथ्य को दर्शानेवाली एक सरल युक्ति तुम भी बना सकते हो। इसके लिए तुम्हें चाहिए—गत्ते का एक डिब्बा (जूते के डिब्बे से काम चल सकता है), काँच की दो चिमनियाँ, एक मोमबत्ती और जलाने के लिए धूपबत्ती जैसी वस्तु।

आज से लगभग पचास वर्ष पहले जब छोटे शहरों और कस्बों में बिजली नहीं पहुँची थी तब घरों में रोशनी करने के लिए मिट्टी के तेल से जलनेवाले लैंप इस्तेमाल किए जाते थे। यदि तुम्हें उन्हीं लैंपों की काँच की चिमनियाँ मिल सकें तो बेहतर है, अन्यथा उनके स्थान पर धातु के चौड़े मुँहवाले पाइप के टुकड़े अथवा टैल्कम पाउडर के पुराने डिब्बे, जिनके ऊपर और नीचे के भाग निकाल दिए गए हों, लिये जा सकते हैं। परंतु उनमें से धुआँ नहीं दिखाई देगा।

पहले डिब्बे का ढक्कन उठाकर डिब्बे में एक सिरे के निकट मोमबत्ती रख दो। फिर ढक्कन में सिरों से थोड़ा हटकर चिमनियों/पाइपों/पाउडर के डिब्बों के मुँह के आकार से कुछ छोटे, दो छेद कर लो। मोमबत्ती जला दो और ढक्कन ढककर छेदों के ऊपर चिमनियाँ (पाइप)

डिब्बे रख दो (चित्र देखो)।

अब दूसरी चिमनी (वह नहीं जिसकी तली के नीचे जलती मोमबत्ती रखी हो) से थोड़ा ऊपर जलता हुआ एक कागज ले जाओ। इस कागज का धुआँ पहले नीचे की ओर जाता है और फिर दूसरी चिमनी में से ऊपर निकलता है। ऐसा क्यों होता है ?

मोमबत्ती के जलने से डिब्बे के अंदर की हवा गरम होकर (मोमबत्ती के ऊपर रखी चिमनी में से बाहर) ऊपर उठती है। इसका स्थान लेने के लिए डिब्बे के बाहर की हवा दूसरी चिमनी में से अंदर जाती है। ऐसा करते समय वह उस चिमनी के ऊपर जलते हुए कागज का धुआँ भी नीचे ले जाती है। बाद में यह धुआँ पहली चिमनी में से बाहर निकलता है।

□

51

लुढ़काओ नीचे की ओर, जाए ऊपर

तुमने खिलौने बेचनेवालों के पास अकसर एक विचित्र खिलौना देखा होगा। उसमें एक वजन को जब नीचे की ओर धकेला जाता है तो वह नीचे जाने की बजाय ऊपर की ओर जाने लगता है। यह वजन दुहरे शंकु (डबल कोन) की आकृति का होता है और दो डंडियों पर टिका होता है। इन डंडियों के एक-एक सिरे अधिक ऊँचाई पर टिके रहते हैं और दूसरे सिरे कम ऊँचाई पर।

इससे बच्चों के दिमाग में यह बात आ सकती है कि यह खिलौना गुरुत्व के सिद्धांत को गलत सिद्ध करता है। तुम जानते हो कि इस सिद्धांत के अनुसार हर वस्तु को, यदि मुक्त रूप से गति करने दी जाती है, तब वह ऊँचाई से नीचे की ओर जाने का प्रयत्न करती है। वास्तव में यह खिलौना गुरुत्व के सिद्धांत का ही पालन करता है, पर ऐसा न करने का भ्रम उत्पन्न करता है। ऐसा किस प्रकार होता है? यह समझाने से पहले ऐसा खिलौना बनाने की कोशिश करें।

इसके लिए तुम्हें चाहिए—थोड़ा सा मोटा कागज अथवा कार्ड बोर्ड, दो पतली डंडियाँ, एक बड़ी और एक छोटी पुस्तक, गोंद और कैंची।

पहले मोटे कागज या कार्ड बोर्ड से दो शंकु काट लो (शंकु ऐसी आकृति होती है जिसका आधार वृत्ताकार होता है और वह ऊपर की ओर पतली होते-होते शिखर पर एकदम नुकीली हो जाती है)। उन दोनों के आधारों को गोंद से आपस में जोड़ लो। फिर दोनों पुस्तकों को थोड़ी दूरी पर एक-दूसरे के समानांतर खड़ी कर दो। इनके ऊपर दोनों डंडियों को ऐसे रख दो जिससे उनका एक-एक सिरा बड़ी पुस्तक पर हो और एक-एक छोटी पुस्तक पर। बड़ी पुस्तक पर टिके सिरों के बीच दूरी अधिक हो और छोटी पुस्तक पर रखे सिरों के बीच कम। अब इन डंडियों पर छोटी पुस्तक के ऊपर दुहरे शंकु को टिका दो। तुम्हें यह देखकर आश्चर्य होगा कि वह डंडियों पर ऊपर की ओर चढ़ने लगता है। वास्तव में दुहरा शंकु नीचे की ओर जाने की कोशिश करता है, पर हमें ऐसा प्रतीत होता है कि वह ऊपर की ओर जा रहा है। □